沈阳市哲学社会科学专项资金资助项目（SY202105Z）

光明社科文库
GUANGMING DAILY PRESS:
A SOCIAL SCIENCE SERIES

·历史与文化书系·

老街新生

历史建筑街区多维保护利用的对策研究

吕 锋 | 著

光明日报出版社

图书在版编目（CIP）数据

老街新生：历史建筑街区多维保护利用的对策研究 /
吕锋著 . --北京：光明日报出版社，2025.4. -- ISBN
978－7－5194－8582－5

Ⅰ. TU984.231.1

中国国家版本馆 CIP 数据核字第 2025X8F192 号

老街新生：历史建筑街区多维保护利用的对策研究
LAOJIE XINSHENG：LISHI JIANZHU JIEQU DUOWEI BAOHU
LIYONG DE DUICE YANJIU

著　　者：吕　锋		
责任编辑：杨　茹	责任校对：杨　娜　董小花	
封面设计：中联华文	责任印制：曹　净	

出版发行：光明日报出版社

地　　址：北京市西城区永安路 106 号，100050

电　　话：010-63169890（咨询），010-63131930（邮购）

传　　真：010-63131930

网　　址：http：//book.gmw.cn

E－mail：gmrbcbs@gmw.cn

法律顾问：北京市兰台律师事务所龚柳方律师

印　　刷：三河市华东印刷有限公司

装　　订：三河市华东印刷有限公司

本书如有破损、缺页、装订错误，请与本社联系调换，电话：010-63131930

开　　本：170mm×240mm		
字　　数：270 千字	印　　张：16.5	
版　　次：2025 年 4 月第 1 版	印　　次：2025 年 4 月第 1 次印刷	
书　　号：ISBN 978－7－5194－8582－5		
定　　价：95.00 元		

序　言

习近平总书记指出，历史文化是城市的灵魂，要像爱惜自己的生命一样保护好城市历史文化遗产。历史建筑街区是城市灵魂的寄托，与城市文化遗产同命运共呼吸。历史建筑街区历经自然、政治、社会、经济的嬗变，成为筑造城市精神的栖息地。

经过历史文化的长期积淀，风格各异的历史建筑街区是沈阳城市意象的有机体，传承着沈阳城市文脉的原生性基因。当下沈阳历史建筑街区受限于文化保护与经济发展的失衡，处于投资驱动向创新驱动的进阶时期，正由商业项目嵌入拼贴发展向文商旅居有机整合过渡，发展不平衡和不充分的基本矛盾依然突出。值得欣慰的是，本书作者吕锋从历史建筑街区保护研究背景、发展沿革来赓续历史建筑街区保护历程；从历史建筑多维保护、原则目标、价值评估、功能导向来激发历史建筑街区活力；从历史建筑街区沿革演变、区位特征、发展现状、存在问题、价值评价、实施机制、模式对策来探索新时代沈阳历史建筑街区更新，全方位认知沈阳历史建筑街区的价值特色与空间分布，为沈阳历史建筑街区保护传承提供了渐进更新、有机再生的新思路。

在对沈阳历史建筑街区进行多维保护与利用时，始终将建筑街区的综合价值摆在首要地位，针对中山路沿线、盛京皇城沿线的历史建筑街区构建合理的价值评价体系，系统性梳理历史建筑街区的具体价值要素，明确价值点的空间分布特征与价值类别差异。通过对沈阳历史建筑街区扎实摸底调研，切实对物质环境、经济产业、社会发展进行数据分析，提出多维度保护利用措施与建议。

《老街新生：历史建筑街区多维保护利用的对策研究》为沈阳挖掘历史文化资源、促进全域旅游发展、助推中心城市建设提供理论支撑和智力支持。

国家社会科学基金重大项目首席专家

上海交通大学人文艺术研究院长聘教授

目　录
CONTENTS

中篇　多维度激发历史建筑街区活力

上 篇

01

赓续历史建筑街区保护历程

第一章 历史建筑街区保护的研究背景

第一节 历史建筑街区保护的背景

一、历史建筑街区保护的时代背景

历史遗产是时代发展和城市更新过程中重要的历史沉淀，拥有丰富的历史文化价值，既体现了一座城市的兴衰也反映了人类文明的演变。我国历史遗产保护体系的保护工作主要是针对保护体系的概念界定进行推敲与完善。在 2005 年颁布的《历史文化名城保护规划规范》中对"历史文化名城""历史文化街区、名镇、名村""文物保护单位"与"历史建筑"都提供了准确的概念定义与价值定位。但是对于"历史建筑""文物保护单位"所关联的街区则缺少具体定义以及区域划分，相关针对性保护对策也存在缺口。

传统历史建筑街区的概念往往难以定义历史建筑个体及其关联街区的具体内涵。随着时代的发展与人们对城市规划的深入解读，"历史建筑街区"成为可以更准确地定位"历史建筑"与"历史街区"交集的代名词。现今"历史文化街区"这一概念应用十分广泛，关于"历史文化街区"保护的相关文献占比较多，容易在学术领域中对历史文化街区的保护概念固化，不利于我国历史遗产保护体系的可持续发展。

通常意义上的"历史建筑"与"文物保护单位"进行比较分析时，前者的历史、艺术和科学等价值含量相对较低，但仍然占历史遗产保护体系中的大部分内容，目前相关论文类型以"历史街区""历史文化街区"和"历史建筑"这三个关键词为主，缺少以建筑为主体、历史街区为核心的文献。因此，本书以"历史建筑街区"作为历史遗产保护与更新工作的新突破口，更加注重街区内"历史建筑"与"历史街区"二者相互依存、相互关联、相互渗透的关系，力争对历史建筑街区的珍贵建筑进行保护传承，亦是新时代对"历史建筑街区"保护工作的大胆尝试。

随着现代城市化进程的加快，历史遗产保护体系只有不断改造与大胆创新才能适应不断变化的时代环境。我们应以传统街区文化与历史建筑文脉为基础，以历史遗产保护体系为框架，以新时代文明城市概念为思想背景，坚持城市更新发展理念，构建更加符合我国历史建筑街区保护的新体系。

二、历史建筑街区保护的政策背景

"历史建筑街区"是我国重要的历史遗产，其中物质遗产和精神遗产拥有丰富的历史价值、科学价值和艺术价值。我国住房和城乡建设部对街区保护的内容逐渐细化，不仅要求街区的建筑和街道要有一定的完整性，还要反映城市历史上的典型特色。例如，1997 年山西省平遥古城移民工程和 1989年安徽省黄山市屯溪老街改造工程，都是政府对历史建筑街区保护工作进行的尝试，衍生出了许多保护对策并为政府后续的保护工作提供了宝贵的经验。

随着《中华人民共和国文物保护法》（1982 年）、《城市紫线管理办法》（2003 年）、《历史文化名城保护规划规范》（2005 年）、《历史文化名城名镇名村保护条例》（2008 年）等多项法案和政策的颁布，我国政府逐渐构筑起完善的历史遗产保护体系，同时这些政策也为历史建筑街区的保护工作提供了巨大的帮助。

第二节　现代城市历史建筑街区的保护意义

一、对城市印象的意义

历史建筑街区的实质是承载城市历史信息，为现代社会发展输送重要的精神资源，其文化风貌和非物质遗产直观地反映街区及城市的初印象，也是提高城市吸引力，凸显城市发展特色的重要因素。

历史建筑街区内非物质文化遗产的保护实质上是对城市印象和城市信息的保护。一条街区乃至一座城市的精神文化不仅承载于文化建筑、历史建筑等物质载体，更是蕴含着历史风貌与人居文化。从保护价值的角度来看，文物保护单位的价值更高，但对于城市印象的反映而言，与历史风貌环境相互融合的历史建筑街区可以更加清晰地展现出城市的发展脉络。历史建筑街区的保护内容不仅包括建筑个体的信息以及建筑与整体之间的联系，更有社会状态和民俗风貌两大精神文化指标。这些精神文化对城市印象和社会印象有着深刻的意义，例如北京的王府井大街、上海的南京路都已经成为城市的文化符号。

二、对城市发展的意义

在文化与艺术的传播上，相较于历史文化名城、名镇、名村大面积地开发与更新，城市中历史建筑街区的保护与更新工作更容易为城市文化表现性带来迸发式地发展。历史建筑除了自身的物质文化价值之外，还存在相当的艺术价值，这两者都是城市发展工作的重要基点，对历史建筑街区的保护有利于发掘自身文化与艺术价值，有利于社会稳定并促进城市的综合发展。

《中国建筑能耗与碳排放研究报告（2021）》指出"2019 年全国建材全过程能耗总量为 22.33 亿 tce（1 吨标准煤当量）。其中：建材生产阶段能耗 11.1 亿 tce，占全国能源消费总量的比重为 22.85%"[①]，主要发生在建筑材料生产、运输和建筑垃圾运输、填埋和回收等环节。城市更新建设工作会消耗大量的自然资源，大规模的重建工作会制造大量的污染废物，而历史建筑改造再利用会在一定程度上缓解城市发展的资源压力，减少环境污染。历史建筑街区的保护相对集中，范围较小，对策更容易制定，保护效果往往也比较显著。小范围的保护可以将有限的社会资源和保护资金发挥到最大效益，在资源消耗与城市发展的矛盾协调上也相对容易。相对于城市内部大规模的整改，按区域小规模保护对区域经济负担和负面影响也往往较小，最终以条带状的形式在城市内部互相连接，构成相对整体的保护体系，达成对城市整体保护的目标。因此，历史建筑街区的保护工作对于城市的文化传播、经济发展、资源利用、社会稳定有着重要意义。

---

① 中国建筑节能协会.2021 中国建筑能耗与碳排放研究报告：省级建筑碳达峰形势评估成果发布［R/OL］.中国建筑节能协会，2021-12-23.

三、对居民民生的意义

历史建筑街区的保护工作不仅包含街区内的物质建筑基础，也是对其中居民民生的保护与更新。居民民生作为街区的重要一环，保障人居关系是体现历史建筑街区功能性价值的重点，这不仅有利于提高历史建筑街区内部居民生活质量，也使得整个街区的历史遗产保护和居民民生之间形成良好关系并有利于社会的稳定。不论将街区作为商业街进行改建，还是作为旅游景点进行开发，现代化的改造升级都需要以保护历史建筑街区内部历史遗产的安全以及改善居住环境为前提，进行以人为本的保护与更新。

对街区内民居建筑的合理规划是保证其风貌的关键。以北京市南锣鼓巷为例，首先，禁止无序地改建与加建，统一外立面色彩与材质；其次，对街区内民居设施进行的改造升级，都是围绕改善内部居民的生活环境开展的。只有在保障民居各类设施完善和民居空间布局合理的前提下进行的城市风貌化改造才有意义，若是在街区更新工作中破坏了当地居民的基础民生环境和民俗风貌，历史建筑街区的更新就成了表面功夫。

第三节　当代历史建筑街区保护的核心矛盾点

一、城市更新与街区保护之间的矛盾

在过去的几十年间中国的城市发展逐渐提速，城市扩张模式逐渐多样化，外延式、蔓延式、填充式等发展模式使得各大城市的建筑格局无序蔓延，城市更新与历史建筑街区保护的矛盾逐渐体现出来。世界著名建筑和城市历史学家、批评家和理论家柯林·罗于 1984 年所著的《拼贴城市》中也曾提出关于城市的拼贴"不会局限于为某项目标而准备的原材料和工具"①。街区的更新工作同样不能仅将视野局限于单体建筑上，而是要将其保护工作与整体的城市文脉相结合，符合其历史风貌，不能脱离于城市脉络网格而单

---

① 柯林·罗，弗瑞德·科特. 拼贴城市 [M]. 童明，译. 北京：中国建筑工业出版社，2003：103.

独存在，街区构成内容的核心应与城市的更新有机地结合。这部著作不仅为后现代城市更新工作提供了新的方向，也为其中街区的空间布局和保护工作注入了新鲜血液。

我国最早的历史建筑调查工作以 1922 年北京大学成立考古研究所为开端，1929 年开始使用现代技术研究历史建筑，1961 年以公布全国重点文物保护单位为契机将保护的范围再次扩大。尽管保护措施随着城市更新与发展工作日渐完善，仍有部分历史建筑街区在城市的不断更新中遭到破坏。其中在城市更新的政策方面，一些近代历史建筑往往处在历史建筑规定的边缘范围，因阻碍城市建筑改建通常被排除在保护名单之外，导致许多有艺术、文化和历史价值的近代建筑和古代建筑遭到拆除和不合理改建，严重破坏了历史建筑街区的真实性和完整性，一些独特的近代建筑甚至濒临绝迹。政府需要将保护手段与城市更新政策合理有效地结合，尽力做到每个街区因地制宜，而非盲目跟从城市更新整体的大方向。

二、社会人居与街区更新之间的矛盾

在历史建筑街区的保护工作中，通常会对街区原本的人居环境进行调整与拆除，一定程度上产生了社会人居与街区更新之间的矛盾，从街区内外两个方向分析，问题主要体现在街区内部规划矛盾和相邻街区关系矛盾两个方面。

（一）街区内部规划矛盾

围绕保障街区内居民基础权益、维护街区内各类基础设施以及保留街区具有文化特色和精神内涵的生活方式这三点进行保护工作，才能实现街区民居活力的持久。其中最突出的是历史建筑街区更新与基础设施建设维护之间的矛盾。历史建筑街区的保护是针对历史建筑和街道进行大规模更新，通常会调整空间格局并且在一定程度上改变街区原本的历史风貌，如果规划存在问题就会直接影响居民的日常生活，降低群众配合更新保护工作的积极性。采用历史建筑街区居民迁出的保护方式则易破坏街区原居民基础权益，导致街区本身的文脉出现裂痕的案例也屡见不鲜。非物质文化失去了民众这一存在基础就会破坏原有街区历史风貌，让充满地域特色的生活方式和其中蕴含的文化内涵消失，进而导致人文历史信息的大规模丧失，因此迁出保护是不可取的保护方式。

（二）相邻街区关系矛盾

进行历史建筑街区的保护工作是需要考虑其完整性的，一些历史建筑街区的区域内往往规划完善，各类生活设施一应俱全，但忽视了相邻片区的街区改造。区别化的民居设施更新同样会引起一定程度的社会矛盾，这不仅不利于历史建筑街区的保护与更新，还会影响人居环境。与建筑本身的更新与保护不同，人居环境保护与更新要更加人性化，在改造过程中要更具整体性。周边地区的自然环境恶劣、交通状况混乱、人文素质不高都会对历史建筑街区的民居环境造成负面影响。因此，对历史建筑街区周边地区的公共设施进行更新与街区内部的更新同样有利于缓解历史街区本身的人居问题。

三、经济发展与资源消耗之间的矛盾

（一）街区产业发展矛盾

街区经济的主要来源为街区各个部分的产值，对街区功能精准定位可以有效地对街区产业进行合理规划。拿以旅游型产业为核心的历史建筑街区为例，街区内的各式商业店铺可以与旅游业互利共赢，在带动街区经济发展的同时为当地百姓提供一定的就业机会和经济收入。当历史建筑街区的更新导致游客参观数量下降时，街区内居民对街区商业活动的投资得不到经济回报，相关就职人员也会失业。这一系列的连锁反应会导致街区内部的经济环境崩溃，产生发展矛盾。同一街区内相同功能的产业过多时，会导致产业链单一，面对诸如疫情等情况时缺乏一定的应对能力，产业本身也会产生一定程度的内耗；反之产业过于单一化也会导致经济活力不足和收益下降。因此在历史建筑街区更新之前，政府部门和投资人需要对街区功能进行一定预判，最终决定街区产业的大致方向和相关规划，以缓解产业发展与历史建筑街区内部的矛盾。

（二）政府资源消耗矛盾

经济发展与街区保护资源消耗之间矛盾的实质就是发展与保护的矛盾，政府投入大量的资金，消耗人力、物力、财力对历史建筑街区的历史建筑进行修复并对环境景观进行调整。但往往由于相关的产业发展过度，导致民居空间被批量占用，居民的生活空间受到挤压，日常活动受到阻碍，对城市风貌产生了负面影响。历史建筑街区的保护与更新不仅涉及大量的历史建筑修缮，还涉及民居设施更新甚至居民外迁，其中需要消耗大量资源和费用，政府的财政投入极大，若投资的街区无法做到内部自行创造价值，政府必然难以为继，最终导致政府的投资带来了负收益，形成资源消耗，加大历史建筑街区保护与发展之间的矛盾。因此，在对街区进行内部保护的过程中不仅需要政府投入，还需要结合街区民众生活实现多元化的动态保护对策。

解决上述矛盾的核心是政府在进行项目建设之前确保历史建筑街区本身的消费承载力能够达到消费水平标准，不论是进行什么类型的改造与更新，对策都不能忽视街区的基础经济利益。部分历史建筑街区的保护工作难以开展往往既非当地政府的相关政策与措施不合理，也非相关部门的经济支援不到位，而是街区本身难以创造价值，街区产出远小于投入，导致项目停滞。

第四节　历史建筑街区保护面临的问题

一、建筑遗存问题

历史建筑街区保护与更新的核心是内部建筑保护。以沈阳市为例，这座古城有着丰富的历史文化底蕴，曾是东北地区的政治文化中心城市之一，早在 7000 多年前就诞生了新乐文化。1625 年清太祖爱新觉罗·努尔哈赤将都城迁至沈阳，1634 年清太宗爱新觉罗·皇太极改沈阳为盛京，建盛京城，至 1949 年新中国成立后，沈阳市成为东北地区乃至全中国重要的重工业发展基地，更是以装备制造业为核心，为中国工业化发展做出了杰出的贡献，极大地提升了我国当时的科技发展水平，有着"东方鲁尔"的美称，其中的一些近代工厂建筑成为沈阳近代建筑的典型代表。

（一）基础修缮问题

不论是盛京皇城的明清风格建筑还是工业发展时期的工业遗存都有使用年限，普通砖石结构的建筑一般为 40—60 年。一些私设的建筑，大量的简房和危房让近代沈阳历史建筑街区整体的建筑状况不容乐观。随着城市化建设逐渐加快，大量的历史建筑街区需要改建，如何在保证街区建筑使用功能的同时对其进行风貌抢修依然是历史街区建筑保护的核心问题。

（二）城市印象问题

沈阳拥有新乐文化（公元前 5300—前 4800 年），清文化（1636—1911
年），民国文化（1912—1949 年），抗战文化（1931—1945 年）和工业文化
（20 世纪初）等历史建筑，但城市主题并不鲜明，导致历史街区艺术特色不
突出，在城市的整体印象上相对平庸（见图 1-1）。

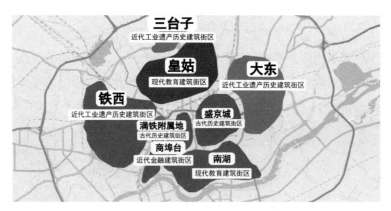

图 1-1　沈阳街区类型分布图

二、政策机制问题

在历史建筑街区的保护与更新问题上，各个省份都在遵循中央整体政
策，根据具体的政策进行调整，沈阳市也十分重视历史街区的保护工作。
2009 年 9 月开始施行的《沈阳历史文化名城保护条例》规划了历史街区内部
的保护内容，将保护的范围具体化和系统化。[①] 由于当时人力、物力和科学
技术相对有限并且缺乏实施主体，导致执行力相对低下，街区内部现存的历
史建筑核查工作进度缓慢，历史建筑街区保护工作效率较低、进度迟缓。为
了更好保护沈阳历史文化遗产，以《沈阳市城市总体规划（2011—2020
年）》为基础编制了《沈阳市历史文化名城保护规划（2011—2020 年）（草
案）》，其中指出历史文化名城价值与特色、保护原则与目标、保护框架与

---

① 沈阳市人民代表大会常务委员会.沈阳历史文化名城保护条例［EB/OL］.国家法律
法规数据库，2009-08-11.

内容、市域遗产保护、历史城区保护等 13 个方案细则。① 2017 年《国务院关于沈阳市城市总体规划的批复》提出了"重视历史文化和风貌特色保护。要统筹协调发展与保护的关系，按照整体保护的原则，切实保护好城市传统风貌和格局。要编制历史文化名城保护专项规划，落实历史文化遗产保护和城市紫线管理要求，重点保护好历史城区、历史文化街区和沈阳故宫等各级文物保护单位及其周围环境。加强绿化工作，划定城市绿地系统的绿线保护范围"②，之后，沈阳市通过对市内的各个问题进行针对性的方案制定，逐渐完善历史文化遗产保护的体系。相关部门借第三次文物普查工作进行了一系列围绕沈阳历史建筑数量、建筑价值认定、建筑保护措施的核查工作。在这次普查工作中新发现的建筑遗产多达 113 处，其中大部分遗产都存在保护不全面的问题。随后沈阳颁布了《沈阳市旅游发展总体规划（2015—2020年）》（以下简称《规划》）来规范历史建筑街区旅游文化产业结构③，《规划》中对历史地段和历史街区的定位过于模糊，为保护范围的界定带来了一定的困难，不利于后续保护工作的开展。

三、公共服务问题

（一）民居设施问题

在历史价值较低的建筑群中，可以在保证不破坏建筑群整体风貌的前提下对民居建筑内部进行布局调整，来满足街区内居民的需要。民居建筑历史价值较高的情况下可以选择对街区内居民进行部分迁出，但当地居民的迁出会存在一定的社会问题，只有相对科学合理地对民居设施进行规划才是对民居设施问题的最优解。

（二）街道交通问题

街区内部的交通道路问题一直是道路网格布局的核心问题，以沈阳市中

---

① 沈阳市规划和国土资源局．《沈阳市历史文化名城保护规划（2011—2020 年）》（草案）公示公告［EB/OL］．沈阳市自然资源局官网，2014-07-01．

② 国务院．国务院关于沈阳市城市总体规划的批复［EB/OL］．中国政府网，2017-07-14．

③ 沈阳市人民政府关于印发沈阳市旅游发展总体规划（2015—2020 年）的通知［EB/OL］．沈阳市人民政府，2015-12-21．

山路为例，在街区建造初期，中山路街道宽敞，但随着街区道路的大规模更新，中山路的街道消失了 20 余条，这对街区整体格局和交通都造成了一定程度上的影响。

（三）功能转化问题

伴随历史建筑街区更新过程的加快，适宜民居的空间被逐渐替换成商业店铺，原始的民居环境遭到破坏。这种将居住功能转变为商业功能的改造模式短期可能会带来一定的经济效益，实则破坏了街区的整体风貌，使街区活力逐步丧失。

四、环境风貌问题

（一）自然环境问题

在城市化日渐加速的今天，大部分形式的街区改造与更新都伴随着一定程度的环境问题。由于管理和经济等原因，部分历史建筑街区内部的环境品质不容乐观，在审美方面缺乏艺术感，难以与建筑街区建立连续性，缺少对历史建筑街区景观文化的表现力。在街区的更新工作中，对自然环境破坏问题的处理刻不容缓。

（二）街区风貌问题

任何文化产品都会因为利益因素出现雷同的现象，同样包括批量化生产的街区风貌。大多数旅游文化街区都会因为连锁快餐店与饮品店带来的经济效益，逐渐抹杀历史建筑街区传统饮食文化。"网红街区"为街区带来收益的同时也使各个历史建筑街区风格和结构逐渐统一，丧失原本的特色，导致街区风貌出现趋同化问题。

五、经济发展问题

无论以什么形式进行街区的保护与更新，都难以避免经济效益这个核心问题。资金问题是沈阳历史建筑街区保护与更新长期面临的痛点，不论是建筑遗产的保护还是基础民居设施的更新，都需要大量的资金投入。街区整体经济效益低迷导致政府财政亏损，开发商对街区投资失去兴趣等问题都会致使街区失去可持续发展的活力。

第五节　历史建筑街区保护价值发展沿革

一、近代历史遗产保护价值观念初始

"价值判定"最早可以追溯到奥地利学者李格尔在《古迹的现代崇拜：特征和起源》中提及的"纪念性价值与文物崇拜"的关系以及"现今价值与文物崇拜"的关系。① 在"纪念性价值"部分，将历史建筑的价值分为客观反映历史遗产年代的"岁月价值"，反映某一领域中历史遗迹和历史文物所代表的古代人类"历史价值"，以及定义为将某一时刻保存于后世若干代人意识之中的"有意义为之的纪念价值"。李格尔对"现今价值"的分类则是使用价值和艺术价值。历史遗产的使用价值从字面上解读是仍然具有社会功能性的建筑，而对原建筑的使用与修补往往会带来文物的损坏，在一定程度上损害其原真性，降低其历史价值。在"现今价值"中除去使用价值其核心便是艺术价值，李格尔将艺术价值分为"新物价值"和"相对的艺术价值"两大类。"新物价值"往往指历史遗产复原状态的艺术价值，破败不堪的古迹往往难以体现艺术价值，需对其进行修复与还原，这与现阶段注重原真性的保护手段相似，往往重在还原历史建筑街区原本的风貌，如果注重街区遗产的艺术形式与艺术风格还原势必破坏其原真性与完整性，新物价值就会与年代价值产生一定程度的冲突。而"相对的艺术价值"这一概念在当时十分前卫，相较于现在的艺术价值这一概念，李格尔认为艺术价值会因时间和人们主观意识的转变而产生相对变化。李格尔的观念理论从一定程度上否定了绝对的艺术价值，在现今的保护体系之中，随着时代的演变，历史建筑街区的艺术价值逐渐提高，亟须得到重点保护。李格尔发现了历史遗产的各个价值并不是相互独立的，而是相互关联的。这些具有辩证意义的价值观点为后续历史建筑街区的价值分类奠定了一定的理论基础。

① 巫鸿，郭伟其．遗址与图像［M］．北京：中国民族摄影艺术出版社，2017：216-245.

二、现代历史建筑街区核心价值成长

历史建筑街区的保护更新工作本质上是对街区内所有构成元素进行改造更新。对历史建筑街区价值体系的认识是一个不断实践和发展的过程。随着社会观念的发展变化与更迭，不同的人从不同的角度，在不同的时期，对历史建筑街区价值体系的构建与完善存在不同的理解与认识，并产生不同的价值判断标准和审视角度。专家学者围绕《中华人民共和国文物保护法》（1982年）的制式提出三大价值——历史价值、艺术价值、科学价值，对多样化的价值尺度进行整合。

在历史价值的定义上，历史建筑街区与历史人物和历史事件具有关联性，同时也反映年代背景，其中不乏见证时代变革和政权交替过程的历史构筑物，以及体现当代人们社会认知的历史建筑物，这些要素都体现了历史建筑街区的历史价值构成。

历史建筑街区年代背景既可以反映当时的社会历史背景，也同时映射出时代背景对建筑风格的影响，是建筑历史价值与艺术价值的交接点。历史建筑街区与历史人物和历史事件的关系则是指历史建筑作为历史见证的载体，具有客观性、历史性。

历史建筑街区的艺术价值围绕街区内部的历史建筑群和精神文化遗产展开，艺术价值包含建筑设计的形式与风格和历史建筑制造的工艺与材料。形式与风格通常是指一座建筑本身的设计形式与艺术风格，包括建筑物外立面的设计风格、设计色彩、时代性的建筑造型、归属的建筑流派以及建筑物内部的空间结构。建筑工艺则是指建筑施工时采用的技术和方法，其中也会考量这个时代地域建筑师和工匠的技术素养和工艺水平。建筑材料则指具有一定地域特殊性的材料，如欧洲地区的砖石结构建筑和我国的木质结构建筑。历史建筑街区的构成往往历经百年岁月，其中包含了大量的非物质文化遗产、独特的历史风貌和历史氛围，雕刻作品、建筑作品和民间舞蹈等，都为历史建筑街区带来了额外的文化价值与艺术价值。外部的建筑形式与艺术风格具有极高的美学价值，街区内部的精神文化遗产则可以在情绪和精神上给予人们正面的情感陶冶，有利于街区本身的社会环境和谐与艺术氛围提高，这也是历史建筑街区带给现代社会的宝贵的艺术财富。

历史建筑街区的科学价值是指街区中历史建筑物在设计与构建等方面提

供的有价值、有研究意义的相关信息——整体街区的空间布局、自然景观排布、建筑物理原理等。以建筑材料、结构形式、施工工艺、建筑质量等因素对历史建筑建造时代的建筑工程和科技水平进行研究，分析历史建筑街区中建筑形体组合和空间布局，促进现代建筑的设计与建设工作科学有效地开展。

三、当代历史建筑街区多元价值成熟

随着时代的逐渐发展，人们对历史建筑街区的价值大小和价值特征以及其内部因素有了更全面的认识，事实上其本身的分类标准往往是一种价值评判机制，因此在这个大规模城市更新的时代，历史建筑更新工作总量也与日俱增。简单的价值分类已经不足以支撑复杂的历史遗产保护体系，对历史建筑街区的价值评价需要更加细致的量化评估办法，需要对其进行更加系统、完整、科学的定义，需要进行历史建筑街区价值评估体系的构建。

相较于传统的文化价值、历史价值、科学价值的简单分类标准，价值评估体系更加系统化和准确化。根据不同的研究方向与不同的保护侧重点，制定不同的评估指标。随着我国科学技术的发展，建立量化的指标，可以更清晰明确地进行大批量的数据分析，高效快速地寻找街区保护的相关问题，进行更精细化和效率化的政策调整，有利于对历史建筑街区进行第一时间的保护，避免模糊的价值分析导致建筑被破坏或误拆。历史建筑街区价值的明晰化也有利于提高执行力，可以从观念上提高相关工作人员的重视程度，并提高执行的规范程度。

第二章 历史建筑街区概念界定与
保护体系建构

第一节 国外历史建筑街区发展沿革

一、国外历史建筑街区的概念界定

"历史街区"概念源自 1933 年 8 月雅典会议上国际现代建筑协会（Congrès International d'Architecture Modern）制定的一份关于城市规划的纲领性文件——《城市规划大纲》，后来被称作《雅典宪章》。会议中初次提出"历史街区"的概念，指出"对有历史价值的建筑和街区，均应妥为保存，不可加以破坏"。《雅典宪章》主要沿用国际现代建筑协会发起人之一的法国著名建筑师、城市规划家勒·柯布西耶的观点，即要把城市与其周围影响地区概括成为一个整体来研究，并指出关于"有历史价值的建筑和地区"的理论和相关原则。《雅典宪章》是最早一批具有国际影响力的文件，为后续各国将街区与其中的各类历史遗产划分为一个整体的保护体系奠定了基础，是历史建筑街区概念的雏形。

1964 年，历史古迹建筑师及技师国际会议在威尼斯通过了《保护文物建筑及历史地段的国际宪章》（《威尼斯宪章》）①。其"定义"章中的第一条指出"历史古迹的要领不仅包括单个建筑物，而且包括能从中找出一种独特的文明、一种意义的发展或一个历史事件见证的城市或乡村环境。这不仅适

---

① 《威尼斯宪章》又称为《国际古迹保护与修复宪章》，宪章分定义、保护、修复、历史地段、发掘和出版 6 部分，共 16 条。

用于伟大的艺术作品，而且适用于随时光逝去而获得文化意义的过去一些较为朴实的艺术品"。在历史建筑街区的保护工作中需要同时重视物质和非物质两大部分，保护的内容由建筑本身升华至文化遗产和精神内涵。第二条指出"古迹的保护与修复必须求助于对研究和保护遗产有利的一切科学技术"，就是将保护手段与保护对策结合时代的科技生产力，运用科学技术实施保护工作，以达到最理想的保护标准、最优化的保护模式，如现今的数字化保护体系。《威尼斯宪章》相较于《雅典宪章》是有进步性的，但对历史街区的描述仍然相对模糊，概念的界定也不是十分准确。

1972 年，联合国提出了《保护世界文化和自然遗产公约》（《世界遗产公约》），公约给出了"文化遗产"和"自然遗产"的定义，其中的核心是将"文化遗产"分为三类："文物""建筑群"和"遗址"（见表 2-1）。"文物"和"建筑群"更接近"历史建筑"和"历史建筑街区"，这两个概念是部分国家包括我国在内的现今遗产保护体制中名词定义的雏形。《保护世界文化和自然遗产公约》从历史、艺术和科学三个角度对历史文化遗产的价值进行评估，为历史街区的价值评定提供了一定程度上的指导。第四部分保护世界文化和自然遗产基金的第十五条第一项"现设立一项保护具有突出的普遍价值的世界文化和自然遗产基金，称为'世界遗产基金'"，其中的"世界遗产基金"为早期世界文化街区保护事业所面临的经济问题提供了解决方案，在一定程度上缓解了由于资金不足导致的建筑保护矛盾和部分社会矛盾。第六部分教育计划的第二十七条第一项"本公约缔约国应通过一切适当手段，特别是教育和宣传计划，努力增强本国人民对本公约第一和第二条中确定的文化和自然遗产的赞赏和尊重"提出以教育与宣传手段提高公民的保护意识，让人们了解遗产保护的重要性，为今后我国乃至世界遗产的保护方案制定提供了参考。

表 2-1 《保护世界文化和自然遗产公约》三类文化遗产概念表

公约中的名词	定义
文物	从历史、艺术或科学角度看具有重大意义的建筑物、雕像等以及含有考古性质的铭文、窟洞及其整体
建筑群	从历史、艺术或科学角度看在建筑种类、分布或跟附近环境协调方面有着重大意义的独立或有联系的建筑群

续表

公约中的名词	定义
遗址	从历史、审美和人类学角度看有着重大意义的工程、跟自然相融合的工程和考古地址等

1976 年联合国教育、科学及文化组织大会（United Nations Educational Scientific and Cultural Organization）通过了《关于历史地区的保护及其当代作用的建议》（《内罗毕建议》）。其中"定义"部分的第一条第一节为"历史和建筑地区指包含考古和古生物遗址的任何建筑群、结构和空旷地，它们构成城乡环境中的人类居住地，从考古、建筑、史前史、历史、艺术和社会文化的角度看，其凝聚力和价值已得到认可。在这些性质各异的地区中，可特别划分为以下类别：史前遗址、历史城镇、老城区、老村庄、老村落以及相似的古迹群"[①]。历史悠久的古代遗产通常应予以精心保存，维持其原真性。《内罗毕建议》提出的考古学角度和史前角度，虽然在历史街区保护的价值分析占比较小，但拓宽了研究的视角。其中第三十七条与第四十五条均以修复和保护过程中的财务问题为核心，提出以政府的拨款和减税补贴为主，在城市建设拨款中将新建筑建设的部分资产用于老建筑维修与善后，以平衡城市更新与遗产保护之间的矛盾。

1987 年由国际古迹遗址理事会（International Council on Monuments and Sites）通过的《保护历史城镇与城区宪章》（《华盛顿宪章》）提出"历史城区"的概念，文中的"历史城区"指所有城市社区，不论是长期逐渐发展起来的，还是有意创建的，都是历史上各式各样的社会表现，其中包括城市、城镇以及历史中心或居住区。还提出物质与精神的组成部分需要同时保护——除了它们的历史文献作用之外，这些地区体现着传统的城市文化价值。《华盛顿宪章》明晰了保护内容的"原则与目标"，协调了保护规划的"方法和手段"，标志着世界历史街区保护工作迈出了里程碑式的一步。

二、国外历史建筑街区的保护体系案例

随着一些发达国家工业时期的到来，它们大都面临着历史建筑街区保护

[①] 朱兵. 我国历史文化名城与历史文化街区、村镇保护的立法与实践 [EB/OL]. 中国人大网，2023-12-30.

这一严峻的课题。在早期，历史建筑街区这一概念在国际上十分模糊，往往与历史遗产等同。在对各国的保护工作与对策中不强求概念的一致性，而是重点分析历史遗产保护历程与保护方案。

随着人们保护意识的逐步提高，人们已经针对具有历史意义、价值的物质与非物质财富开始了一定程度上的保护工作规划。当中也不乏走弯路的国家，甚至选择极端的进步主义，对古代建筑遗产嗤之以鼻，蔑视传统文化。客观上由于世界大战等不可抗力因素对历史建筑的破坏，以及随时代发展带来的大规模城市更新，都为历史建筑街区的保护带来了极大阻碍。但随着街区中大量优秀历史建筑的消失和历史风貌的褪色，也使各国逐渐觉醒了对历史建筑街区的保护意识，并开始拟定一系列更加合理化的保护方案与政策。

美国在历史建筑街区方面做了大量的准备工作，包括保护历史建筑、修复历史街区和推动历史建筑的再利用。如纽约的布鲁克林高地、波士顿的自由之路和费城的老城区。这些街区都得到了良好的保护和管理，成为当地的历史和文化名片。

法国作为历史悠久的国家，拥有大量的历史建筑街区。法国政府一直致力于保护和修复这些历史建筑，包括巴黎的蒙马特地区、里昂的老城区和阿维尼翁的古城。这些历史建筑街区不仅在法国，也在世界范围内享有盛誉，成为旅游胜地。

英国有许多著名的历史建筑街区，如伦敦的白金汉宫、爱丁堡的皇家一英里和坎特伯雷的古城。英国政府一直在保护和修复历史建筑，同时也在推动历史建筑的再利用，使这些历史建筑街区成为当地的文化和历史遗产。

日本的历史建筑街区主要集中在京都、奈良和东京等地。如京都的木屋町通，奈良的春日大社，东京的浅草等很多具有历史文化特色的街区都积极申请成为"重要传统建筑保护区"，目的是以重要传统建筑为保护中心，促进整个街区的环境治理和风貌改善，同时利用历史文化资源发展当地经济，使街区充满生机和活力。

上述四个国家在国际上具有重要的影响力，在世界范围内拥有丰富的历史建筑遗产，他们的历史建筑街区吸引着来自世界各地的游客和学者。不同的历史和文化背景，反映了各自国家的独特魅力，选取这四个国家作为案例国家有助于更好地展示历史建筑街区在不同国家的保护和管理情况，为其他国家提供借鉴和启示。

（一）美国

美国作为一个年轻国家，在经济与科技的发展上进步迅速且发展多样，在历史建筑遗产保护工作的开展过程中，亦是拥有其独特的保护思想与价值观，历史遗产保护机制与政策发展迅速。美国建筑历史遗产保护起始于1816年对独立纪念馆（Independence Hall）的保护行动。为了使这座当时被称作旧州议会大厦遗址的建筑免遭拆除，美国掀起了历史遗产保护的篇章。

1853年，以保护乔治·华盛顿的居住地为开端，美国历史上第一个历史遗产保护组织弗农山庄妇女协会（The Mount Vernon Ladies' Association）成立了。当时的美国并没有历史建筑遗产保护相关的国家政策与法律，这一组织被认定为美国第一个历史遗产保护组织，甚至后来的一些建筑保护组织也以弗农山庄妇女协会为组织典范来对历史建筑或地标建筑进行保护，使其免受城市发展带来的破坏。也正因如此，在当时的美国，个人及民间组织构成了历史遗产保护工作的重要组成部分，带有一定主观意愿的修缮方向，致使历史古迹保护多以单个建筑如名人名居或地标型建筑为主，历史遗产保护的范围还比较局限。直到20世纪初，美国科技水平和工业化水准的提高，促使建筑保护的意识也水涨船高，保护工作得到了空前发展。1926年，约翰·D. 洛克菲勒对威廉斯堡的修复工作成为美国首个尝试保留一个相对整体历史环境的案例。威廉·萨姆纳·阿普尔顿成立了新英格兰古迹保护协会（新英格兰历史协会），因其资金相对充裕，采取购买与捐赠等方式对历史建筑进行保护，如1963年纽约市宾夕法尼亚火车站保护与更新工作。

美国历史建筑街区与我国历史建筑街区在定义上有许多不同，在保护对策上，与我国政府主导的保护工作模式不同，美国的民间组织在整个保护体系中拥有重要的地位。从18世纪初期到20世纪中期，民间个人组织与政府机关各自保护的内容并不相同。民间个人组织更倾向于情怀性的建筑，如名人故居或地标性建筑，而国家政府则是以公共区域和自然景物为主。随着保护工作的复杂化，政府与个人的首次合作也在1931年美国查尔斯顿镇文化街区的构建工作中得以实现，同时成立的还有建筑审议委员会。这是美国保护组织向正规化发展迈出的重要一步，这与民间组织的不懈努力是分不开的。

第二次世界大战结束后，美国经济、科技和生产力的发展蒸蒸日上，不论是对城市的更新还是郊区的发展都十分重视。此时的美国政府将历史遗产保护工作制度化、市场化和专业化。将保护的对象逐渐扩大，不再限于少数的历史性建筑或街区，而是更偏向民生建筑的保护，侧面印证了建筑保护趋势与人们思想衍化和时代变迁的关系。1976 年，波士顿昆西市场经过保护和修复后再营业，提升了当地的经济收益和城市知名度，也正是这一历史街区成功的商业化转型，让当地的政府和商人看到了历史建筑修复不仅可以带来经济收益，更可以成为振兴城市、焕发城市活力的重要手段，也为商人提供了极大的利益空间（见表 2-2）。

《古迹法》（Antiquities Act）① 是由考古协会和美国促进会一同起草的法案。法案以授予总统具有保留有关"具有科学价值与风景名胜价值"的考古遗迹与遗址用地这项保护预案的权利为主要观点，经过六年发展于 1906 年才成为国家法律。将具有历史价值、科学价值、社会价值的历史建筑与历史建筑街区公告并定义为保护区，对这些地区进行破坏或未经许可进行改造或者擅用都会受到不同程度的惩罚。

表 2-2　历史事件简表

时间（年）	地点	事件及意义
1853	弗农冈（Mount Vernon）	安·帕梅拉·坎宁安为了保护弗农冈，创立了弗农山庄妇女协会，是美国建筑保护运动的开端
1926	威廉斯堡（Williamsburg）	约翰·D. 洛克菲勒对威廉斯堡的修复工作，第一次将历史建筑保护与修复扩展到区域范围，成为美国建筑保护专业化的开始
1931	查尔斯顿（Charleston）	通过美国最基本的规划管理方法——区域规划来维护社区的历史特色
1976	昆西市场（Quincy Market）	昆西市场的再开放使历史建筑不仅仅是英雄的权杖和精英的宣言，而且是经过重构与转译后世俗生活的场所

1935 年由美国联邦政府通过的《历史遗址法》（Historic Sites Act）除对

---

① 1906 年的《古迹法》是美国历史上第一个授权联邦政府对自然资源和历史遗迹进行管理的法案，被看作美国考古学、自然资源保护（Nature Conservation）和历史遗迹保护的里程碑。

美国境内的历史建筑进行测绘外，还对国家公园组织（National Park Service）所拥有的历史遗产进行分类研究，进一步授权国家公园组织在土地拥有者同意的基础上，鉴定、获取、保护与国家历史相关的重要历史遗产，将那些不在国家公园组织获取计划之中，但又有重要意义的私人财产列入"国家历史地标"（National Historic Landmark）。

1966 年，美国联邦政府通过了《国家历史保护法》①，这一法案构成了美国历史建筑保护的体系。《国家历史保护法》提出以联邦为最高指导机构，形成社会和个人组织为核心的保护构架。美国历史建筑保护体系并非一蹴而就，是以文物定性为主要目的，由《联邦文物保护法》（1906 年）、《国家公园系统组织法》（1916 年）、《历史遗址与古迹法》（1935 年）和提供经济方面对策的《世界遗产信托基金》（1965 年）、《国税法》（1986 年）、《国税法修订案》（1990 年）等诸多法案逐渐发展演变而来的。

不论是自发形成的民间组织，还是社会各界人士自发进行的保护工作，都大大推动了政府对历史文化遗产保护工作的重视，正是专家学者的不断努力，才构成了今天美国的历史建筑保护体系。

（二）法国

法国作为历史遗产大国，因其浪漫优雅的历史建筑风格，充满艺术气息的街区风貌而举世闻名。法国在早期就对历史遗产有很高的保护意识，也拥有其独特的历史遗产保护制度。世界上最早的一部关于历史文化遗产的保护法案《历史性建筑法案》是 1840 年在法国颁布的。

早在 1729 年，法国政府就将大部分古建筑从名门望族的私人财产转变为全体国民的共同财产，将这些古建筑收归国有，成立专门的组织进行保护和管理。但当时法国对历史建筑遗产的定义还相对模糊，在保护工作上也存在一定的困难和障碍，直到 1887 年才给"历史建筑"这一概念赋予法律上的定义。1887 年的《纪念物保护法》② 也是法国第一部历史建筑保护法案，将法国文化遗产传统建筑也就是历史建筑的范围和标准具体化，成立了古建筑

---

① 1966 年通过的《国家历史保护法》是提供保护历史遗址的机制。该法案于 1992 年修订，强调印第安原住民的利益并为其圣境提供特别保护，以免受到公有土地上采伐或采矿的威胁。

② 1887 年法国颁布的《纪念物保护法》明确规定了国家必须参与历史古迹的保护工作。

管理委员会进行相关的保护和修复工作。1907 年，法国成立了文物建筑委员会，将一些职业工程师、建筑师聚集起来参与历史建筑的保护工作，并将其作为政府进行历史建筑保护工作时提供辅助的组织，在保护工作遇到相关问题时，优先向文物建筑委员会征求意见。

1913 年 12 月，法国对法律进行了一次修改，对历史建筑采取了"列级"与"列入补充名单"的方法，进行分级别的保护措施。所谓"列级"就是综合建筑的历史、文化和科学等多方面价值通过评估将其列入正式名册的历史建筑规范标准，入选的标准相对严苛，不仅要具有足够的历史、艺术或者科学的价值，还要符合公共利益标准，在国家政府的批准下才能被选入名单。在保护方式上也以原真性和完整性为保护原则，"列级"建筑在保护的过程中甚至可以不经过产权人同意，由国家政府直接进行保护和管理，并提供资金的援助。而"列入补充名单"则是指"注册登录的历史建筑"，将各方面价值相对较低的历史建筑登录在附属名册。值得一提的是，这一名册最开始是"列级"历史建筑的备选名册，后来则用来记录保护等级较低的历史建筑。虽然这一制度对历史建筑的分类相对简单，但仍然为早期的历史建筑保护工作拓宽了思路，这部法案的修改次数在后期高达 27 次，体现出法国在历史建筑保护立法上的严谨性。

在对周边地区保护方面，1906 年法国通过了第一部《历史文物建筑及具有艺术价值的自然景区保护法》（《景观地保护法令》），除建筑外，这部法案将植被树木、附近水域、峭壁岩石等具有艺术价值的自然景观纳入法律保护范围之内。其意义是再一次将历史建筑保护的范围扩大，把自然景观纳入保护的范畴。1930 年颁布的《关于自然景物和具有艺术、历史、科学、传统及画境特色的景观地法令》（《景观保护法》）[①] 则是将历史建筑保护拓展到景观地的列级保护和注册登记。1943 年将历史建筑街区周边地区也纳入保护范围中，以人类视线的最远距离 500 米作为划分的标准，即以历史建筑作为中心，以 500 米为半径划定其保护范围，扩大了政府管控范围，即法国早期对历史建筑街区的定义范围。其目的是保障街区和其周边地区环境的协调发

---

① 1930 年法国颁布的《景观保护法》的重心，在于以法律的形式来保护天然纪念物或在美术上、历史上、学术上、传说中、绘画上具有普遍意义的自然景观及人文景观。

展，维持原本历史风貌，这也意味着法国对历史建筑的保护工作逐渐实现由点到面。

直到法国《马尔罗法》（1962 年）① 颁布，针对"历史街区"这一概念的立法才开始，也使法国成为世界上较早开始以区域划定保护范围的国家之一。法国的历史街区都是国家级别的，由国家政府直接管理，对其中的历史建筑、公共区域和场地以及自然景观进行保护和协调，确定了各种公共和私人角色在旧城保护区的权利和义务，着重强调历史建筑保护需要涉及其周边的环境，对街区的保护也要从城市发展的视角着眼，具有一定前瞻性，科学地对历史建筑进行改造和利用。如法国的第一个保护区马雷，通过降低人口密度和建筑空间重构进行街区的保护和更新。现今塞纳河岸的马雷保护区形成左岸的埃菲尔铁塔与右岸的巴黎市政厅交相辉映的景观（见图 2-1）。1973 年颁布的《城市规划法》② 再次重申了在城市改造中，对作为文化遗产的历史街区应实行的整体保护原则。无论所在街区是否同意，都必须服从该法律条文。

图 2-1　埃菲尔铁塔（左岸）与巴黎市政厅（右岸）

（三）英国

作为拥有丰富历史遗产的国家，英国的历史遗产保护制度在历史悠久且

---

① 1962 年法国通过的《马尔罗法》即《历史街区保护法》，使得遗产保护的对象首次扩大到城市的整个街区。

② 1973 年法国通过的《城市规划法》是一部专门针对城市改造制定出来的文物保护法。

国家众多的欧洲也十分突出。当然没有任何一个国家的保护机制是一蹴而就的，英国历史遗产保护制度同样在近百年的发展中日渐完善。英国美学家威廉·莫里斯创建了古建筑保护协会①，主张注重原真性保护，也就是尽量原封不动，反对重修与拆毁。民间保护力量的诞生不仅促进了历史遗产保护工作的进行，也引起了英国政府对历史建筑遗产保护工作的重视，使英国政府开始围绕历史遗产保护立法。以 1882 年颁布的《古迹保护法》为开端，英国政府开始了立法体系的构建，虽然第一批保护的历史纪念物只有 68 个，但对于当时英国的历史遗产保护事业来讲，仍然有着极其深远的意义。随着 1900 年《古迹保护法》修正案的实施以及 1913 年《古迹保护与修订法》的出台，进一步完善了英国历史遗产的保护体系。古迹协会、乔治小组、不列颠考古委员会、维多利亚协会等众多民间组织为英国历史遗产保护工作做出了杰出的贡献。

　　1944 年颁布的《城乡规划条例》构建了以时间为评价标准的价值评价体系（见表 2-3），将建筑文化遗产简单分为四个级别。虽然与现在的价值历史、文化、艺术等方面综合评价的体系相比，这一评价标准过于片面，但在当时对英国历史建筑的价值评价体系构建具有启蒙意义。

表 2-3　《城乡规划条例》中建筑文化遗产评价标准表

级别	时间	状态
一级	1700 年前	保存良好、完整
二级	1700—1840 年	经历多个年代使用，现已淘汰
三级	1840—1914 年	除去包含在一些建筑群内的建筑，具有自己的风貌特色，或是著名建筑师设计师的杰作
四级	1914—1939 年	通过甄选后的建筑

　　1970 年，英国将原有的四级归为三级，体系逐渐整合。一级，拥有极高的历史文化或者科学艺术价值，必须完整进行保存；二级，拥有相对较高的历史文化或者科学艺术价值，无特殊情况不进行破坏性的相关工程作业；三级，没有历史文化或者科学艺术价值，仅仅含有一般大众价值。与我国历史遗产保护情况相似，英国的保护工作也以第二次世界大战和国家的思想开放

---

①　古建筑保护协会的成立标志着英国通过立法保护历史建筑的开端。

为转折点，主要经历了以下三个阶段：

（1）起步阶段。1939年之前的英国历史遗产保护工作发展缓慢，人们重视程度较低，民众和政府对历史遗产保护概念不明确，保护意识不到位，对历史建筑街区的概念既不能界定也无法对其价值进行合理的辨析。但在这一时期人们逐渐意识到历史建筑保护的重要性，为第二次世界大战后英国人民在短时间内迅速展开历史建筑修复工作奠定了基础。

（2）发展阶段。第二次世界大战中许多历史建筑遭到严重破坏，这些被破坏的历史建筑的修复工作成为英国当时历史建筑保护体系的首要任务。修复中问题不停地出现并解决，使得英国历史遗产保护工作逐渐形成了其特有的登录建筑①和保护区体系，这意味着英国特色的历史遗产保护制度逐渐成形。这一时期历史建筑修复与城市更新同步进行，历史建筑的保护工作集零为整，逐渐从起步时期的单一建筑转变为区域化保护。

（3）成熟阶段。1960年现代美学学派转型，历史建筑的艺术价值得到发掘，遗产保护工作更是受到了前所未有的重视。街区居民们积极响应对其生活街区的保护工作，在历史建筑的保护工作方面英国走上了可持续发展保护的道路。

（四）日本

与欧洲和美洲国家不同，日本早期的建筑街区风格与我国相似，中日建筑基本同属一个体系，追本溯源是其在一定程度上受到过我国文化的影响。随着时代发展，日本演变出独特的建筑体系，图2-2为城下町历史建筑街区。隋唐时期，日本曾多次安排使者到我国进行文化交流，其中不乏对建筑风格、建筑保护领域的学习。

随着城市化发展进程的加快，日本与大多数国家一样都面临着历史建筑街区等历史遗产的保护问题。日本是亚洲最早制定保护建筑遗产法的国家。早在1871年（明治四年）就制定了《古器旧物保存方》，比世界上第一部保护建筑遗产的法律——1840年的法国《历史性建筑法案》仅仅晚了31年。

---

①　登录建筑一般表述为建筑登录制度。登录制度作为国际上广泛采用的制度性遗产保护方式，是根据一定标准和程序对遗产进行分类、记录、认定并实施保护的一种法制性保护方法。参见张松．国外文物登录制度的特征与意义［J］．新建筑，1999（1）：31-35.

图 2-2 日本城下町

1897 年，日本又制定了《保护古社寺建筑及古物》法，不断完善关于古建筑保护的法律法规。1880 年（明治十三年）制定的"古社寺保存金制度"、1897 年（明治三十年）颁布的《古社寺保存法》和 1929 年（昭和四年）的《国宝保存法》等，扩大了建筑遗产的保护范围。1950 年（昭和二十五年）的《文化财产保护法》、1966 年的《古都保存法》以及 1975 年的《文化财产保护法》修订版，进一步深化了对传统建筑群区域性的保护原则。为了应对现代新兴建筑和现代经济活动的矛盾与冲突，日本制定了相关法律，使得古建筑的保护与现代建筑相互融合。2001 年制定的《文化艺术基本振兴法》、2006 年制定的《观光立国推进基本法》，皆是日本保护遗产体系与现代经济社会发展相融合的法律依据。①

日本历史文化遗产保护法律之中最核心的《古都保存法》从概念定义、保护措施、财政补助和机构设立四方面进行法案确立。主要围绕"古都"和"历史风貌"这两个核心进行定义，其中"古都"可以对照我国的"历史文化名城名镇名村"，其行政区划由市、町、村三类构成，"古都"的定义为三个方向：（1）在日本的发展史上曾经是重要的政治或文化中心；（2）留存有一定基数的历史文化遗产，并保持其原有的历史风貌特征；（3）城市更新与历史遗产的保护工作构成矛盾，且修复工作和对策研究迫在眉睫。"历史风貌"是指"在日本的历史上有重要意义的建筑、遗迹等，以及其周边的自然景观，也就是建筑和周边环境共同构成的可以体现城市历史文化背景的环境

---

① 陈鲲. 古建保护的日本之道［N］. 光明日报，2022-06-02（14）.

风貌"①。与我国由上至下逐级保护思路不同，日本相对重视人造建筑及其连带自然环境的保护。

在保护对策上，《古都保存法》采取先对城市风貌内容进行解构：（1）重要文物古迹及其与之成为一体的环境；（2）文物古迹的背景地区；（3）各个文物古迹的连接地带。简言之，"城市风貌"就是指历史建筑街区及其环境以及所包含的精神遗产，值得注意的是，日本对历史建筑街区的区域划分有着相对成熟的体系，并且十分重视周边地区与连接处的保护与管理。

三、对我国历史建筑街区保护工作的启示

（一）美国

相对于传统的保护形式，美国在历史建筑街区保护工作方面的核心一直是保护与利用相结合。为了再次利用而进行保护，以城市更新为主要原则，实施更新型的保护措施，将老旧建筑修复后进行偏商业化的改造并商用，在保留了历史印记的同时，发展地方经济，有效地提高公共场合的利用率，提高街区居民的生活质量。在旧建筑基础上直接进行新建筑的搭建，将两种建筑形式进行结合再设计。但需要注意的是，我国历史价值较高的历史建筑不适合以更新性保护作为保护手段，这类建筑有超过千年的历史，技术价值极高，如五台山佛光寺、北京故宫、山东曲阜孔庙等，而历史价值相对较低的历史建筑则可以借鉴此类保护方法，借以平衡城市更新和历史街区保护之间的矛盾。

在保护体制上，民间组织和个人在美国的历史建筑保护工作上一直起关键作用，甚至在一段时间内占据绝对的主导地位，而政府往往只是提供政策支持。我国应从教育和宣传中逐渐将历史建筑的保护重心转移至民众。我国有大量的历史遗产，其中部分遗产历史价值偏低或遭到了大规模的损坏，若全部由政府承担保护工作，政府在人力和物力资源上有极大的压力，如果能在教育方面普及一定程度的历史建筑鉴别和保护常识，并提出相关政策给予个人或民间组织一定的补贴和援助，在实施改造方案的同时提供设备和技术的援助，将大大缓解政府的财政压力。

---

① 出自日本 1966 年颁布的《古都保存法》。

在设计风格上，美国的建筑更新措施同样有值得我们参考和学习的部分。从波士顿汉考克大厦中不难看出（见图2-3），美国的历史建筑保护尽可能将再设计方案与原建筑风格契合，保障建筑历史风貌特征。在设计规划上更注重社会舆论观点而不是政府的独断改造。基本外观设计要与周围的街道建筑风格相统一，在使用功能转变上也会考量周围环境。只有既不影响周围民生又具有创意性的设计改造，才更会得到民众的支持。千城一面批量化和商业化的改造往往只追求短暂的经济效益，湮没的历史建筑和街区风貌难以再还原。

图2-3　波士顿汉考克大厦

（二）法国

在法国的历史遗产保护机制发展过程中，我们可以看到三种发展方向。其一是相关行政体系发展日渐完善，其二是保护内容逐步扩大，其三是民众参与度较高，三种发展方向都对我国历史建筑街区保护提供了重要启示。

法国的法律体系在整个欧洲地区都相对完善，从历史建筑立法的时间和调整的次数不难看出，法国的历史遗产法律体系不仅起步早，在法案的调整上也经过千锤百炼，如《马尔罗法》对整个欧洲的历史遗产保护体系构建奠定了基石。在法律执行力上，对于普通历史建筑采取的是中央地方合作，并非简单地划分上下级关系，这有利于调节整体城市规划和地方改造更新之间的矛盾。对于重点历史保护区，法国在立法上将其中各项事宜的最高权力集中于国家政府机关而非地方，大大提高了相关政策的执行力。法国对参与保护工作的相关人员严格把关，由专业的国家级建筑师负责保护工作的执行，街区内建筑和周边地区的保护工作都由专业人士负责。我国保护制度相较于法国而言，在立法上缺乏一定的程序性，从发布到执行存在一定程度上的不规范性、缺乏前瞻性、可操作性不强等问题。

我国在整体的历史遗产分级上与法国"列级"制度相似，也按照国家、省、市进行分级，这类分级容易导致价值偏低的建筑不受重视，进而被破坏和拆除。在资源允许的情况下各个国家的历史遗产保护工作都要尽力避免这种情况，分级并非忽视价值低的遗产，而是以不同的对策对应不同的层级。在保护范围的界定上，历史建筑仅是街区构成的重要成分而非全部因素，并不能将保护内容固化静止。我国历史遗产的保护不应卡在"历史文化街区"这一相对固化的概念上，应围绕街区内的文保单位、历史建筑甚至是景观来构成文保单位街区、历史景观街区以及主题历史建筑街区。对街区周边因素的保护和分析同样是我国保护政策相对匮乏的部分。

法国的历史建筑街区保护工作并非只属于政府部门，人民大众同样积极参与其中，首先是法国人民的整体文物保护意识偏高，这得益于其在基础教育和宣传工作上的投入，在宣传方面有特定的历史建筑街区开放参观以及特殊的纪念日。相比之下，我国基本依靠政府和具有专业素养的人士以及相关单位对历史遗产保护进行专业定性，以至于公民既没有参与权也没有参与意识，不利于我国历史建筑街区保护工作的持续开展与推进。

（三）英国

相较于英国保护工作而言，我国历史遗产保护机制缺少一定程度的前瞻性，城市更新与历史建筑保护容易构成矛盾。如在建筑保护时不考虑其周边地区环境，盲目地在经济发展迅速的地区圈地保护，不利于地方城市良性建设发展。

历史文化名城、历史街区、历史建筑三个层级在管理问题上往往各成体系，上级政府部门的保护方针过于概括，不利于下级地方的具体执行，管理结合程度相对较低。相比之下，英国历史建筑文化遗产保护的行政管理体系则是由政府和街区直接对接，由中央直接指向地方。改建和拆除需要地方部门进行审理并批准，其决策过程中需要结合变动历史遗产价值、改动范围大小、周边环境和历史风貌等多种因素进行综合考量，再将改动的预案公示，结合所在地区公众及相关人士的综合意见进行最终改动方案的确定。其过程相较于我国而言，审批程序更加复杂，评定标准更加严苛。

（四）日本

日本对历史建筑保护的政策制定有许多值得我国借鉴的条例。《古都保存法》（1966 年）在财政补助和政府机构设立上有其独特的内容条例，其中具体到补助资金所使用的具体方向，中央政府负责对历史风貌地区进行管理，将工作重心集中到核心街区，保护级别较低的历史街区归类到地方管理。

设立相应的管理机构可以将地方保护问题进行及时的分析和调研并加快相关政策的改进，与此同时，由专家进行各项工作的调研既可以协调政府机构与各类科研机构，又提高了管理效率。通常情况下，我国街区基数大、项目招商程序复杂，相关专家往往只在规划初期参与历史街区保护更新对策的制定，而日本则是让专家周期性介入保护工作，这对历史建筑街区的保护更新工作十分有益。

日本对历史建筑街区进行空间结构优化后的细节处理同样值得我们学习。现阶段我国商业化历史建筑街区往往过于注重经济效益，从而忽视了对历史建筑街区历史遗产保护的初衷。相比之下，日本在对街区旅游景点宣传时，更加注重历史建筑街区的文化内涵，景区门票版面设计中只对景区介绍进行设计，更加注重文化宣传的纯洁性与价值意义。

在民众参与问题方面，日本采取培养青少年保护意识的方式，注重对青少年文化遗产的教育。日本对初高中生课外兴趣培养十分重视，相比之下，我国学生学业相对繁重，教学环境相对封闭，往往容易忽视对历史遗产保护的教育与宣传，这都不利于后期培养人们的历史遗产保护意识。应该在青少年时期就对学生进行一定程度的历史遗产保护教育，提高学生文化自信，培养学生文化共识，更好地帮助街区中的青少年了解自身所生活的街区，使其积极参与保护街区的活动，达到街区保护意识持续传递的目的。

第二节　国内历史建筑街区发展沿革

一、新时代历史建筑街区的概念界定

"历史建筑街区"在概念定义上可以从广义和狭义两个角度来理解，其组成部分包括历史建筑以及其所在的街区。其中历史建筑的广义概念是历史上遗存的所有建筑物和构筑物，实质上就是"历史街区"概念。新时代下，历史建筑街区的概念界定不仅仅局限于对历史建筑的保护，更强调了对历史地段的保护和传承。根据中共中央办公厅、国务院办公厅印发的《关于在城乡建设中加强历史文化保护传承的意见》，保护对象包括了历史地段、自然景观、人文环境和非物质文化遗产，强调了对不同时期、不同类型的历史建筑的保护，以及对历史街区的历史肌理、历史街巷、空间尺度和景观环境的保护。此外，还提出严格拆除管理，禁止大拆大建，不破坏地形地貌，不砍老树，不破坏传统风貌，不随意改变或侵占河湖水系，不随意更改老地名等要求。①

"历史建筑街区"在广义上表现为能够完整、真实地体现某一历史阶段的单体建筑、工业建筑群、传统街巷风貌或村落城镇等，也包括民族文化或地域文化等非物质文化遗产，这体现了街区历史的真实性和时代的特殊性与完整性。街区传承的文物古迹与历史建筑较多，且具备相对规模性，有明显的地域文化特色，是城市地域文化的体现和城市历史脉络的延续，是具有人文精神、历史传统、生活方式上的传承并含有历史、艺术、科学和文化价值的地区。2002 年 10 月 28 日《中华人民共和国文物保护法》第三十次会议修订，正式将历史街区列入不可移动文物范畴。后续也展开了许多关于历史街区保护的会议，如 2014 年的第二届中国历史文化名街保护同盟年会、2022 年的北京历史文化名城保护对话会都提出了许多新的发展方案和更新对策。

"历史建筑街区"在狭义上的定义是基于我国独特的历史遗产保护机制

---

① 中共中央办公厅 国务院办公厅印发《关于在城乡建设中加强历史文化保护传承的意见 [EB/OL]. 中华人民共和国中央人民政府，2021-09-03.

对"历史建筑"这一概念提出的,在通常情况下,在城市生活中予以保护的建筑分为"文物保护单位""保护建筑"和"历史建筑"三级。在这三级体系中,历史建筑指那些未被文物管理部门认定挂牌的具有一定价值的建筑。书中指的"历史建筑"是经城市、县人民政府确定公布的具有一定保护价值,能体现历史、科学、艺术文化价值,能够反映历史风貌和地方特色,未公布为文物保护单位,也未登记为不可移动文物的建筑物、构筑物。其中,按照规模的大小可以由小至大分为"历史建筑""历史建筑群""历史建筑街区"。"历史建筑街区"是以保护"历史建筑"为方向来进行定义的。由特殊含义上升至法定概念,具有一定的法律意义和效力,也因此在政策上更利于我国各省市历史文化名城和街区保护规划的编制及政策制定。

"历史建筑群"作为街区的重要组成部分之一,往往影响到整片历史建筑街区的历史风貌。在保护和研究的区域内,对所包含的建筑街区成分进行分类解构以及准确的定位之后,需要将单体建筑解构和分离、进行价值分析及政策制定。与其他成片状的构成部分不同,单体建筑往往成点状分布,保护策略基本以原真性保护为主。

二、历史建筑街区保护体系划分

(一)"文物保护单位""保护建筑"与"历史建筑"

通常情况下,历史街区中将需要保护的建筑分为"文物保护单位""保护建筑"和"历史建筑"三个层级以及历史街区中不需要保护的"一般建(构)筑物"。第一级"文物保护单位"、第二级"保护建筑"和第三级"历史建筑"在《历史文化名城保护规划规范》(2005 年)中的定义分别为"经县以上人民政府核定公布应予重点保护的文物古迹""具有较高历史、科学和艺术价值,规划认为应按文物保护单位保护方法进行保护的建(构)筑物""有一定历史、科学、艺术价值的,反映城市历史风貌和地方特色的建(构)筑物"。①

---

① 中华人民共和国住房和城乡建设部,中华人民共和国国家质量监督检验检疫总局.
历史文化名城保护规划规范(GB 50357—2005)[M].北京:中国建筑工业出版社,
2005:3-4.

1. 文物保护单位

文物保护单位是我国对需要纳入保护的不可移动文物的统称，并对文物保护单位本体及周围一定范围实施重点保护区域。文物保护单位是在具有历史、艺术、科学价值的古文化遗址、古墓葬、古建筑、石窟寺和石刻等所在地设立的，具体可分为全国重点文物保护单位、省级文物保护单位、市级和县级文物保护单位，它们分别对应其各自的政府部门进行管理。狭义上的"历史建筑街区"是以第三级"历史建筑"为重点保护对象进行保护的街区的定义，广义上的历史建筑街区则包含三级内容的全部。

在保护与整治方式上一级和二级的"文物保护单位"与"保护建筑"以"修缮"为主，而第三级的"历史建筑"则是以"维修改善"为主要保护措施。

其中有关"文物保护单位"的相关政策与概念于 1956 年国务院《关于在农业生产建设中保护文物的通知》中第一次提出，是在依据我国历史与实际并借鉴苏联等外国管理经验基础上形成的。1961 年被写入《文物保护管理暂行条例》，1982 年被写入《中华人民共和国文物保护法》，在后续不断完善中更加贴近我国国情。

《中华人民共和国文物保护法》于 1982 年 11 月 19 日由第五届全国人民代表大会常务委员会第二十五次会议通过，自 1982 年 11 月 19 日起施行。此法规颁布是为了加强人们的文物保护意识，保护历史建筑文物中的技术与传承中华传统文化而制定的。法规第十三条规定文物保护单位可分为三级，国务院文物行政部门在省级、市、县级文物保护单位中，选择具有重大历史、艺术、科学价值的历史建筑、历史建筑群、古遗迹等确定为全国重点文物保护单位，并报国务院核定公布。省级文物保护单位，由省、自治区、直辖市人民政府核定公布，并报国务院备案。市级和县级文物保护单位，分别由市、自治州和县级人民政府核定公布，并报省、自治区、直辖市人民政府备案。而尚未核定公布为文物保护单位的不可移动文物，由县级人民政府文物行政部门予以登记并公布。

历史建筑、历史建筑群、古遗迹一旦确定为文物保护单位，其保护范围内不得进行其他建设工程或者爆破、钻探、挖掘等作业，以原真性和完整性为原则。文物保护单位的整体数量相较于历史建筑并不算多，但由于其价值宝贵，建设工程应当尽可能避开不可移动文物（见表 2-4）。因特殊情况不能避开的，对文物保护单位遵循原址保护原则，在文物保护单位保护范围内进行其他建设工程或者爆破、钻探、挖掘等作业时，必须保证文物保护单位的安全，并经核定公布该文物保护单位的人民政府批准，在批准前应当征得上一级人民政府文物行政部门同意。

表 2-4　各省级行政区全国重点文物保护单位数量及类别统计表

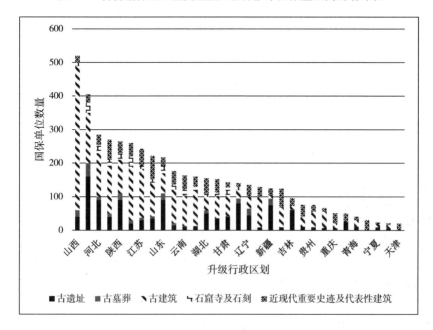

街区内部涉及历史建筑的部分也可以进行一部分具有经济收益和社会效益的更新性质保护工作。但不能进行大改大造。当单体建筑物或遗址被列为不可移动文物或暂定不可移动文物时，未经许可，包括所有者在内的任何人，都不可以任意变动、修改。如果是因为建筑工程施工而发现的不可移动文物或考古遗址，为了保护历史文物，工程通常要立即暂停。

《中华人民共和国文物保护法》（2017 年修正）规定："中华人民共和国境内地下、内水和领海中遗存的一切文物，属于国家所有。古文化遗址、古墓葬、石窟寺属于国家所有。国家指定保护的纪念建筑物、古建筑、石刻、壁画、近代现代代表性建筑等不可移动文物，除国家另有规定的以外，属于国家所有。国有不可移动文物的所有权不因其所依附的土地所有权或者使用权的改变而改变。"此类文物基本以保护为主，不适宜进行改造再利用和不利于文物原真性、完整性的修缮行为。

2. 历史建筑

历史建筑的广义含义源于中世纪末的欧洲，首次使用于意大利，被沿用了数个世纪，其大意是指需要保护的各类历史遗产，我国在历史遗产保护启蒙阶段中同样使用类似的概念以便于历史遗产保护工作的展开，例如"纪念性建筑""古建筑"。

随着我国综合国力提升，历史遗产保护工作逐渐细致化、体系化。"历史建筑"这一概念也逐渐由广义走向狭义，细分出"文物保护单位""保护建筑"和"历史建筑"概念。

本书提出的"历史建筑"及"历史建筑街区"都不仅仅指一个单一的概念，而是将两个概念动态地、有机地进行结合，探究具体建筑保护的同时，遵循人类社会对历史遗产的原始诉求，在保护与修缮历史建筑街区物质基础的同时，也将人类社会精神文明的成果一并保留与传承，让历史建筑的保护工作更具广度和深度。

(二)"历史街区""历史文化街区"与"历史建筑街区"

在广义上历史建筑街区的概念定位相对模糊，在一些西方国家则是对应"Historic Area、Historic Site、Historic Block、Historic District"一类的概念。因此"历史街区""历史文化街区"与"历史建筑街区"三个概念在广义的定义上基本一致。其中"历史街区"是我国早期引入遗产保护体系的概念，具体的标准也相对模糊，早期学者们也对其有不同的理解。国内的学者们对"历史街区"的概念也有不同的定义，如学者阮仪三在《苏州古城平江历史街区保护规划与实践》中给"历史街区"的定义是"指城市中保留遗存较为丰富，能够比较真实地反映一定历史时期传统风貌特色或民族地方特色存有较多文物古迹、近现代史迹和历史建筑，并具有一定规模的地区"①，也就是三点条件：(1) 有相对完整的历史风貌，且风格相对协调；(2) 有原真性的历史文化遗产；(3) 在区域大小上具有一定的规模。而后又提出了一套以三个方面来核定的标准：(1) 历史真实性；(2) 生活真实性（其中包括居民保存率和生活方式保存度）；(3) 风貌完整性（其中包括风貌保持一致和街区规模适中）。

----

① 林林，阮仪三. 苏州古城平江历史街区保护规划与实践 [J]. 城市规划学刊，2006 (3)：45-51.

"历史文化街区"概念在保护工作中使用最为频繁也最为具体。2021年《城市规划学名词》（定义版）将历史文化街区定义为：经省、自治区、直辖市人民政府核定公布的保存文物特别丰富、历史建筑集中成片、能够较完整和真实地体现传统格局和历史风貌，并具有一定规模的历史地段。就广义的角度而言，"文物保护单位""保护建筑"与"历史建筑"和我国的历史遗产保护政策《历史文化名城保护规划规范》（2005）中对"历史文化街区"通常具备的四点条件保持一致。①

三、我国历史建筑街区的三大特征

我国历史建筑街区文化底蕴丰富，蕴含着城市独特的文脉和建筑特色，在我国城市更新和发展过程中呈现出三大特征。

（一）建筑风格各异

我国地产资源丰富，不同的地理位置、自然环境孕育出多样的地域文化。南北地区的历史建筑街区不论是建筑风格、城市风貌还是非物质文化遗产都各具特色，各类文化百花齐放。如北京市大栅栏历史文化街区融汇了北京旧城文化的精髓，是中华老字号的聚集地、北京早期商业的发源地、北京影视的发祥地，更是京味传统文化的聚集地；上海市外滩包含各种异国风格的历史建筑，是上海地区的商贸金融中心，是"万国建筑博览群"（见图2-4）。不同城市、不同历史时期留下的不同风格的历史建筑，尽显我国的历史建筑街区数量之丰富，种类之独特。

（二）空间结构分明

我国历史建筑街区往往是旧城的中心地带，空间结构布局具有一定的历史价值。大部分历史建筑街区有成体系的空间分布，我国自古便奉行外圆内方的城市边界架构，街区网格布局合理，轴线分明。除部分街区经历过一些不合理的调整和私自改造外，大部分历史建筑街区整体结构可以体现出我国街区整体设计之初的精巧空间架构，对这些历史街区空间布局样式的保护同样是对历史建筑街区的保护。

---

① 中华人民共和国住房和城乡建设部，中华人民共和国国家质量监督检验检疫总局. 历史文化名城保护规划规范 GB 50357—2005［S］. 北京：中国建筑工业出版社，2005：10.

图 2-4　北京市大栅栏历史文化街区（左）、上海市外滩（右）

以传统商业功能为主的历史建筑街区，空间结构呈现为一条主街道的线型，合理融合历史街区景观与城市经济结构，如北京市王府井步行街和上海市外滩。街区内部历史建筑与民居建筑紧密排列的商用居住混合型街区，这类街区空间密度需要兼顾内部居民居住和商业空间功能，如上海市田子坊、济南市芙蓉街和哈尔滨市老道外。街区内部历史建筑空间排列松散的居住型历史建筑街区，如北京市南锣鼓巷、苏州市平江历史街区。以著名历史建筑群为核心向外部扩散的景点式历史街区，如北京市国子监街和苏州市观前街。这些历史建筑街区的空间布局体现出街区设计之初能工巧匠们的精妙设计。

（三）非遗类型丰富

历史建筑街区这一物质载体让非遗文化产品在生产、流通、销售的过程中为街区居民与非遗传承人带来经济收益，促进非遗发展，有利于非遗在生产实践中得到传承。以南昌市绳金塔历史文化街区为例，街区内拥有竹编手艺、柚子浮捏、豫章刻瓷等多项非物质文化遗产。地方民宿与地方文化孕育出风格独特、色彩鲜明的非物质文化遗产，从江南的水乡文化到古色古香的官府寺庙，从古典主义的民国建筑到中华巴洛克式风格，从画里之乡的徽派建筑到天津的意式街区，无不体现出我国民族和地域文化的多样性发展。非物质文化遗产在历史建筑街区漫长的发展与保护中逐渐与时代融合发展，彰显出各自丰富的非物质文化遗产特色，体现出历史建筑街区传承非遗文脉的原生性基因。

四、我国历史建筑街区保护工作发展概况

1986 年，国务院公布第二批国家级历史文化名城时正式提出"历史街区"

概念，早期人们并没有历史街区的概念，更不用谈对历史建筑街区的保护。20世纪初受到西方外来文化思想的影响，国人逐渐打开了中国历史建筑维修与保护的大门，开始有了"文物古迹保护"的观念。由于概念界定的模糊，早期的保护核心依然是历史建筑而非街区，其中保护工作历程大致分为三个阶段。

（一）萌芽阶段

20世纪初至20世纪中叶，以全国历史建筑基础信息调研为工作起点，个人或者政府机构组织开展相关工作。1922年北京大学成立的考古协会是我国最早可移动文物保护学术研究机构，1928年中华民国政府成立中央古物保管委员会，这是我国最早由政府机构设立的文物保护管理机构，1930年成立了私人学术机构——中国营造学社。但是当时社会环境复杂，基础研究仍然具有极大局限性，难以建立健全的政策体系，存在影响原真性的错误保护思想。该阶段的保护技术以传统建筑维修为主，技术手段上以简单人为施工为主，难以进行片区化的街区修缮工作，只能以居民基本生产生活需要对建筑进行维护，在价值保护和功能改造上存在一定问题。但在这一时期最为重要的是具有先进思想的人才涌现，如梁思成、林徽因、刘敦桢等敢为人先，让我国的文物保护概念从无到有，对后续历史建筑街区保护工作思想产生了极大的影响，奠定了我国历史建筑街区保护体系的基本框架。

（二）发展阶段

20世纪中叶至20世纪70年代末，中国的国情日趋稳定，内忧外患相继解除。我国于1956年开展了首次全国文物普查工作，将"群众参与"纳入历史遗产保护工作中，以此次普查为基础建立起了由国家级到地区级的历史建筑分级保护机制，推进了历史建筑保护的体制化，为后续"历史街区"概念的出现奠定了基础。1961年颁布的《文物保护管理暂行条例》成为当时历史文物保护的核心理论。这一阶段我国体制化保护机制日渐成熟，但仍然将保护的重心放在可移动文物和历史建筑上，对建筑群即后来的"历史街区"保护重视程度不够。

（三）成熟阶段

1982年11月19日，第五届全国人民代表大会常务委员会第二十五次会议通过的《中华人民共和国文物保护法》明确了"历史文化街区"概念。这是我国真正意义上把历史街区作为保护对象的开端。《中华人民共和国文物保护法》强调了"保护为主、抢救第一、合理利用、加强管理"的保护原则。在法律上确定了从历史文化名城到历史街区再到历史建筑这一保护体系。在对物质遗产保护的同时也注重了非物质文化遗产的保护，而这些科学合理的体系与政策一直沿用至今。20世纪80年代初，中国社会各项科研活动渐渐回归正轨，先后开展过两次全国文物普查，公布了六批全国重点文物保护单位。而后中国又加入了《保护世界文化和自然遗产公约》，自然遗产的保护工作有序展开。

　　我国对历史文化遗产的保护体系可以说是由点至面，再由面回到点。始于萌芽阶段的文化遗产保护，逐渐扩展到城市范围的大面积保护。又因为城市范围性广，操作性差，重新将文化遗产保护的重点逐级分开，在1986年国务院公布第二批国家历史文化名城名单的同时，提出了要对"历史文化街区"进行保护，并在后续法律的修订中对其保护范围和内容描述更加精准。《历史文化名城保护规划规范》（2005年）和《历史文化名城名镇名村保护条例》（2008年）使保护工作更加系统化（见表2-5）。

表 2-5　近代中国历史建筑街区相关政策理论及活动主要年事表

时间 （年）	政策理论/重要事件	主要内容/作用
1982	《中华人民共和国文物保护法》	完善法律法规，标志以文保为中心的历史文化遗产保护制度初步形成
1982	国务院批转国家基本建设委员会等部门《关于保护我国历史文化名城的请示》的通知	"历史文化名城"概念正式提出，公布首批24个我国历史文化名城名单
1983	《关于加强历史文化名城规划工作的几点意见》	强调保护结合城市整体规划
1986	国务院公布第二批国家级历史文化名城名单	含38个城市，扩大受保护城市的范围
1993	召开首次全国历史文化名城保护工作会议和第六次名城研讨会	提出建立我国历史文化遗产保护体系：历史文化名城—历史文化保护区—各级文物单位的设想
1994	《历史文化名城保护规划编制要求》	进一步明确保护内容及保护深度
1994	国务院公布第三批国家级历史文化名城名单	含37个城市，再一次扩大受保护城市的范围

续表

时间（年）	政策理论/重要事件	主要内容/作用
1995	国家设立"历史文化名城保护专项资金"	专项资金用于历史文化名城的保护规划、维修和整治
1996	召开历史街区保护（国际）研讨会	指出历史街区保护的重要性
1997	《国务院关于加强和改善文物工作的通知》	强调在城市开发建设中针对历史文化街区的保护，加强政府监管力度
1997	《黄山市屯溪老街历史文化保护区保护管理暂行办法》	以实例明确了历史文化保护区的特征、保护原则及保护方法
1999	《北京宪章》	吴良镛教授提出广义建筑学与人居环境学，有机更新和小规模渐进式改造的理念得到世界建筑界的认可
2005	《历史文化名城保护规划规范》	强调保护复兴工作的科学性、合理性及有效性
2008	《历史文化名城名镇名村保护条例》	强调保护工作的灵活性，因地制宜

时至今日，随着我国社会与经济的发展，我国的法律体系、管理体系、技术体系、专业体系日趋成熟，在以人为本、文化建城的城市更新策略中，不断完善智慧生活建设，逐步改善历史街区、文化街区内容宽泛、体量过大的问题，"加强修复修缮，充分发挥历史文化街区和历史建筑使用价值"[1]，不断推进历史建筑街区保护与传承。

第三节　规划我国历史建筑街区保护体系

一、历史遗产保护体系

我国历史文化遗产保护有相对成熟的体系，由上至下层层递进（见表2-

---

① 住房和城乡建设部. 住房和城乡建设部办公厅关于进一步加强历史文化街区和历史建筑保护工作的通知［EB/OL］. 中华人民共和国住房和城乡建设部网，2021-01-18.

6)。其中历史文化名城通常指国家历史文化名城①，于1982年2月由《中华人民共和国文物保护法》首次提出。《中华人民共和国文物保护法》中第十四条规定"保存文物特别丰富并且具有重大历史价值或者革命纪念意义的城市，由国务院核定公布为历史文化名城。保存文物特别丰富并且具有重大历史价值或者革命纪念意义的城镇、街道、村庄，由省、自治区、直辖市人民政府核定公布为历史文化街区、村镇，并报国务院备案。历史文化名城和历史文化街区、村镇所在地的县级以上地方人民政府应当组织编制专门的历史文化名城和历史文化街区、村镇保护规划，并纳入城市总体规划。历史文化名城和历史文化街区、村镇的保护办法，由国务院制定"②。以《中华人民共和国文物保护法》正式提出"历史文化名城"的概念为开端，国务院分别于1982年2月8日、1986年12月8日和1994年1月4日公布了三个批次的历史文化名城名单，之后又陆续增补了42座，截止到2023年，全国共有142座历史文化名城。

《中华人民共和国文物保护法》（1982）简单界定了历史文化名城和历史文化街区、村镇的关系，三者的保护方法由国务院制定。《历史文化名城名镇名村保护条例》（2008年）提出申报国家历史文化名城的四项条件："历史上曾经作为政治、经济、文化、交通中心或者军事要地，或者发生过重要历史事件，或者其传统产业、历史上建设的重大工程对本地区的发展产生过重要影响，或者能够集中反映本地区建筑的文化特色、民族特色。申报历史文化名城的在所申报的历史文化名城保护范围内还应当至少有2个以上的历史文化街区。"③除需要品种丰富的保存文物和具有一定规模的历史建筑外，还需要有

---

① 国家历史文化名城是1982年根据北京大学侯仁之、建设部郑孝燮和故宫博物院单士元提议建立的一种文物保护机制。在后续的《中华人民共和国文物保护法》和《中华人民共和国城乡规划法》中保护制度愈加完善。

② 《中华人民共和国文物保护法》于1982年11月19日第五届全国人民代表大会常务委员会第二十五次会议通过，根据2017年11月4日第十二届全国人民代表大会常务委员会第三十次会议《关于修改〈中华人民共和国会计法〉等十一部法律的决定》第五次修正，文中内容为其中第二章不可移动文物部分第十四条。

③ 《历史文化名城名镇名村保护条例》是由中华人民共和国国务院颁布的第524号条例。该条例于2008年4月2日国务院第3次常务会议通过，2017年10月7日，中华人民共和国国务院令第687号公布《国务院关于修改部分行政法规的决定》予以修正。文中内容为第二章申报与批准部分第七条第四节。

传统的建筑布局、文化风貌、城市印象等精神文化遗产。

历史建筑街区既需要符合"历史文化名城"和"历史城区"概念的整体性保护宗旨，也需要注重内部"历史建筑""保护建筑"和"文物保护单位"内容的细节化保护更新。历史建筑街区需要将历史的原真性和完整性与城市更新的进步性相结合，是一个需要承上启下的关键环节。对其进行保护不仅有利于街区本身经济的发展，同样有利于整个保护体系中其他元素的完整。以历史古都为文化符号的城市，其中心街区通常是城市的中心，历史街区以皇城等建筑为主，对其合理保护有利于城市风貌的完整；以风景名胜为主要印象的城市，其内部格局往往为景物和建筑相互叠加，对街区的保护也是对自然景物的保护；以地域特色为主要商旅宣传手段的城市，则需保护街区民族风情和地方特色文化。

表2-6　历史遗产相关名词定义表①

名称	定义
历史文化名城	经国务院或省、自治区人民政府批准公布的保存文物特别丰富且具有重大历史价值或者革命纪念意义的城市
历史城区	能体现其城镇发展过程或某一发展时期风貌的地区，特指历史文化名城中历史范围清楚、格局和风貌保存较为完整的需要整体保护控制的地区，涵盖一般称谓的古城区和旧城区
历史文化名镇	经国家有关部门或省、自治区与直辖市人民政府核定公布予以确认的，保存文物和历史建筑特别丰富并且具有重大历史价值或革命纪念意义，能较完整地反映一定历史时期的传统风貌和地方民族特色的城镇
历史文化名村	经国家有关部门或省、自治区与直辖市人民政府核定公布予以确认的，保存文物和历史建筑特别丰富并且具有重大历史价值或革命纪念意义，能较完整地反映一定历史时期的传统风貌和地方民族特色的村庄
历史地段	保留历史文化遗存较为丰富，能够较完整、真实地反映一定历史时期的传统风貌或地方特色，留存有一定的文物古迹历史建筑或传统风貌建筑的地区

---

① 城乡规划学名词审定委员会. 城市规划学名词（2020）［M］. 北京：科学出版社，2002：83-84.

名称	定义
历史文化街区	经省、自治区、直辖市人民政府核定公布应予重点保护的历史地段。通常需具备以下条件：①有比较完整的历史风貌；②构成历史风貌的历史建筑和历史环境要素基本上是历史存留的原物；③历史文化街区用地面积不小于 $1hm^2$；④历史文化街区内文物古迹和历史建筑的用地面积宜达到保护区内建筑总用地的 60%以上
文物保护单位	由文物主管部门确定的具有历史、艺术、科学价值的古文化遗址、古墓葬、古建筑、石窟寺、石刻、壁画、近代现代重要史迹和代表性建筑等不可移动文物。分为全国重点文物保护单位、省级文物保护单位、市级和县级文物保护单位
历史建筑	经市、县人民政府确定公布的具有一定保护价值，能够反映历史风貌和地方特色，未公布为文物保护单位，也未登记为不可移动文物的建（构）筑物
传统风貌建筑	具有一定历史、科学、艺术、社会和文化价值，反映时代特色或地域特色的建（构）筑物

二、历史建筑街区分类

历史建筑街区的分类有多种标准，在保护过程中需要因地制宜对街区进行分类，这样有利于街区的价值评价和城市更新规划。

（一）国际历史建筑街区分类

1. "遗址型城镇街区"即相对老旧的街区，这类街区往往居住人数极少，基本以老人为主，年轻人大都搬离，甚至包含完全无人居住的历史遗迹。这类历史街区因为地理位置较偏僻，其中的物质与非物质遗产保持着相对原始的状态，历史风貌和建筑风格也相对统一，在保护工作中可操作性强，涉及的利益关系较弱，易于控制。这类街区保护的核心以其中的历史遗产和周边的自然环境为主，如北京市杨家峪村、晋中市董家岭村。

2. "仍有人居住的历史街区"，这类街区受到社会发展和城市更新的影响较大，相对于传统建筑的保护，这类街区往往更注重历史街区整体的可持续发展与经济效益。这类街区往往也会对历史建筑造成破坏，部分经过商业化改造导致街区景观同质化、特色缺失。然而，这类街区虽然被新时代的钢筋水泥围绕，依然可以显示出城市某一个时期的文化特征，核心的历史遗存有历史和艺术价值，且保存相对完整。这类街区应拥有自己独特的可持续发展的途径，在保障自己历史文化遗存的同时也能兼顾自身发展与建设，如北京市鼓楼西大街、上海市新天地、杭州市勾山里、沈阳市中山路，这类街区也往往成为历史遗产保护体系中的砥柱。

3. "20世纪建设的新街区"，这一类街区建筑修建接近现代化，包括一些近代其他文化风格建筑和一些工业遗存，其特点是街区建筑真实性强，完整性高。但由于年代原因，历史价值一般，通常会对内部进行拆除和部分功能更换，如沈阳市铁西工人村等。工业遗产历史街区需随着时代的发展和城市更新的需要灵活调整保护策略，最大程度活化利用。

（二）我国历史建筑街区分类

1. 街区空间分类

在进行城市街区道路规划时采用空间排布分类的方法，按照街区内部路线对街区进行分类，以街道空间排布为基准分为一条街道式街区、建筑密排式街区、建筑松散排列式街区、以公共空间为核心的街区和滨水街区。

以辽宁省沈阳市为例，在建筑规划时，同样可以采取这一街区分类模式来进行历史建筑街区整体保护与规划。中山路是沈阳市近代历史建筑街区遗存中最为丰富、最能体现沈阳在抗日战争时期城市风貌特点的历史街区。这一街区就是以一条街道为核心，各式的历史建筑、公共服务空间和景观都是围绕主路展开，沿着两侧分开；铁西工人村则属于建筑密排式街区，是1952年根据毛泽东同志指示，沈阳人民委员会投资修建的工人住宅，在设计之初是用于居民居住，因此各式建筑排布相对紧凑；和平广场地区历史建筑数量相对较少，核心为东北解放纪念碑，其他建筑散开在和平广场的周围地带，东北解放纪念碑四周则是以绿化带为主的公共空间，在类型上属于建筑松散排列式的街区；盛京皇城历史街区以清朝特色建筑群为主体，承载与记录着沈阳市的人文历史与建筑风貌，是沈阳现存的四条省级历史建筑街区之一，此街区将历史文化与现代科技相结合，构成了全新模式的街区空间，此类街区属于以公共空间为核心的街区；东北大学（南湖校区）街区是沈阳保存较完整的滨水街区。

2. 街区功能分类

历史建筑街区按照功能划分为文旅功能、生活居住、城市交通、商业办公、民俗文化、餐饮小吃、文化教育七类。复合型街区如成都市远洋太古里，以重塑成都市区历史街区为核心目标，将太古里历史街区打造成开放式、低密度的街区型国际性都市中心；沈阳市盛京皇城历史建筑街区以文旅功能为主；杭州市大运河萧山火车西站段历史文化街区同时兼具历史遗存和社会功能；沈阳市铁西工人村设计的初衷是以工人生活居住为主要功能的历史建筑街区。

按功能分类的意义是对历史建筑街区进行功能监测，出现问题可及时转化保护对策与方向，给予街区合适的空间结构调整，在保持原有历史风貌的前提下，注重经济发展与历史建筑的保护。如沈阳市中山路将街区本身的历史风貌特色与现代经济相结合，将文旅功能置换为商业功能。历史建筑归根结底并非现代的产物，一定有与现代社会相矛盾的地方，要适当调整其功能，走可持续发展道路。随着人们对历史建筑街区保护工作研究的不断深入，对历史建筑街区的分类也会愈加丰富。

三、工业遗产与历史建筑街区

通常意义上关于工业遗产的定义起源于国际工业遗产保护联合会大会通过的《下塔吉尔宪章》（2003），《下塔吉尔宪章》阐述了工业遗产的定义：在历史、科技、社会、建筑和科学五个方面具有价值的工业文明遗存。[1] 与历史建筑街区相同，工业遗产型历史建筑街区同样具有物质遗产和精神遗产，如工业遗产中的建筑群、工具器械、运输设备、产业工人的日常用品，相关的资料都属于物质遗产，而一些匠人的技艺、工业生产的流程以及其中的非物质文化遗产都属于精神遗产。工业遗存是工业物质遗产和工业非物质遗产的总和，工业遗产作为一座城市发展历史中重要的组成部分，与传统历史建筑一样都是反映历史文化的重要线索，是社会、经济和科学技术等方面的宝贵财富。在历史建筑街区的保护工作中，工业遗产与历史建筑街区常常出现交集，需要深度寻求两者协调共存的保护方式。

---

[1]　The International Committee for the Conservation of the Industrial Heritage. The Nizhny Tagil Charter for the Industrial Heritage［EB/OL］. TICCIH，2003-07-17.

随着工业遗产价值逐渐得到人们重视，国家在工业遗产的保护和更新方面提供了资源和政策。以更新性保护为大原则，根据当地人们的生产生活去界定工业遗产片区的内容，根据各类价值的占比采取针对性保护措施。具体的保护由规定的文物保护单位和历史建筑街区的管理办法实施管理，相关的技术工人和学者进行改造工作的辅助。对工业遗产型的历史街区也需要充分尊重工厂等建筑房屋结构特征，对建筑的造型和工业元素进行保留，调整其内部空间结构。按照"谁使用、谁负责、谁保护、谁受益"① 的原则，在企业对街区内部遗产进行交易或置换的过程中，也需要让相关的企业或个人切实履行工业遗产的保护义务。在环境保护方面，工业遗产的保护与再利用需要顾及周围的生态环境，更新区域是否存在污染性工厂，在更新后是否依然存在隐患等。

《北京市工业遗产保护与再利用工作导则》中第四章"保护与利用"即导则的第十一条到十四条阐述了工业遗产的保护原则，要因地制宜地对工业遗产进行保护与利用，对其他地区成功案例的盲目模仿会导致资源的大量浪费。② 既要注重与城市更新各方面的规划相协调，又要注重改造后片区的可持续发展，对目标区域进行多次价值评估，以确定改造是否会产生经济收益和社会效益。在国外，美国的匹兹堡市和德国的汉堡市都是以工业遗产为基础进行城市更新与改造的成功案例。在国内，北京 798 艺术区和 751 艺术区、江西景德镇陶溪川文创街区、重庆的黄桷坪艺术区、广州中山岐江公园、沈阳红梅文创园和铁西铸造博物馆、青岛啤酒厂等，这些著名的工业遗产保护更新的成功都给其所在地区带来了正面的社会效益并大大提高了附近地区的经济活力。

工业遗产与历史建筑街区在地域范围相交时需要划分类别进行分层保护，在不破坏整片地段文化氛围的前提下维持各自的物质遗存和精神文化。对于历史建筑街区与工业遗产共同存在的片区，切忌为了保持片区的风格统一破坏各自的完整性，不论是历史遗存还是工业遗存都是反映各自时代的产物，对其进行分类保护才是最合理的方式。

---

① 周先旺. 关于《黄石市工业遗产保护条例》的说明［EB/OL］. 中国·湖北人大，2016-12-21.
② 北京市工业促进局，北京市规划委员会，北京市文物局. 北京市工业遗产保护与再利用工作导则［Z］. 北京，2009：4-5.

在地域范围不相交的时候亦可以借鉴彼此的保护对策。相较于历史建筑街区中对历史遗存的保护，工业区中的工业遗存往往具有高大宽敞的大空间结构，可以在不改变工业遗产历史建筑风貌的前提下进行内部空间的改造和再利用。在同一片区，即使是同一性质的商业化改造，也可以通过不同的建筑风格和不同的文化氛围获得经济效益，化解建筑形式造成的局限性和问题。

第四节　健全历史建筑街区非物质文化遗产保护体系

一、历史建筑街区非物质文化遗产的特点

在历史建筑街区中非物质文化遗产是重要的组成部分，往往具有极高的艺术价值。不同类型的非物质文化遗产可以维持街区文化活力，丰富街区文化多样性，也有利于新类型文化形成。但与历史建筑等物质遗产不同，非物质文化遗产保护往往容易被忽视。

街区内部非物质文化遗产的载体以本地居民和人居环境为主，传播与交流的形式同样是以此为基础。随着街区保护与更新工作的进行，街区内原本的产业结构发生改变，为满足街区内居民的生产生活，其内部的非物质文化遗产逐渐向商品化形式转变，在历史建筑街区功能规划不断完善的过程中，街区的生产功能、文化研习功能逐渐同工业园区、校园、博物馆等物质文化融合。现阶段历史建筑街区主要以饮食、文创和表演等经济收益良好的非物质文化遗产开发项目为主。

二、非物质文化遗产与历史建筑街区的关系

通常情况下，历史建筑街区的保护工作包括物质部分和非物质部分，非物质文化遗产寄托于街区的物质遗产。其中非物质文化遗产不仅是历史建筑街区不可或缺的组成部分，更是街区精神文化的内核，在历史建筑街区价值调查评估中，需要将物质和非物质两大类分别加以保护规划。

关于非物质遗产的定义，虽然《威尼斯宪章》（1964）本身主要关注物质文化遗产的保护，但其所提出的原则和精神对非物质遗产的保护同样具有

指导意义。宪章强调了文化遗产保护的真实性和完整性原则，即"尽可能确保历史纪念物或建筑的遗存'一点不走样地把全部信息传下去'"①。这些原则为后来的非物质文化遗产保护提供了理念上的支持和方法上的指导。

随着时代的变迁，街区的传统非物质文化遗产与街区本身的联系容易出现断层。为了深入体验街区的风土人情，游客在历史建筑街区参观过程中除了去游览街区的物质遗产，还可以通过深入景观内部，询问当地居民等方式去了解物质文化遗产背后的故事，因此，对街区的改造需要为人们提供一定空间进行文化交流并为街区非物质遗产的传播提供一定支持。在历史建筑街区内部宣传、教育和交流的环节上多提供环境与空间，提高人们对街区非物质文化遗产的重视程度和保护意识。同时将物质保护和非物质保护进行有机结合，深入挖掘街区文化空间的价值体系。

在实际工作中需要对街区非物质文化遗产进行充分调研，对其价值进行判定，与物质文化遗产不同，非物质文化遗产价值分析往往更加复杂。但其传播与发展核心仍以历史建筑为基础，在保护工作中判明其文化种类后，以定向的文化宣传与教育为主要手段，采用物质与非物质共同保护的方法，保护非物质文化遗产传播的空间载体。对一些功能性历史遗产或广场进行功能恢复性保护与更新。

三、历史建筑街区非物质文化遗产保护路径

我国目前历史建筑街区非物质文化遗产保护路径分三大方向：（1）分析街区内部非物质文化遗产的深度与广度，寻找其中问题；（2）明确非物质文化遗产的保护对象；（3）进行商业活动以保障历史建筑街区文化的可持续发展。

（一）街区非物质文化遗产的深度与广度

我国目前非物质文化遗产保护工作依然存在保护不够深入的问题，将工作重心放在经济效益的部分，而忽视了核心价值的保护与传承，割裂了文化物质载体与核心文化精神的联系。人们往往沉醉于小吃街各色美食，而忽视街区美食发展历史和文化传统，这也是历史建筑街区内小吃街人头攒动，美

---

① 王立元. 坚守文化遗产保护"真实性"原则［EB/OL］. 中国文化报，2014-06-18.

食博物馆却无人问津的深层原因。此种现象会导致历史建筑街区以注重收益的非物质文化商品为主，而忽视这一街区内部的文化深度。

随着历史时代变迁以及街区空间规划的调整，部分非遗的制作工艺失传，文化习俗表演和研习出现割裂，致使多元化的历史街区逐渐失去了其文化广度。历史建筑街区逐渐成为现代化、商品化的文化遗产销售点。一件件承载着传统技艺的手工作品逐渐消失，取而代之的是工厂大规模生产的仿制品。历史建筑街区本应承载非物质文化遗产传承、研习和制作的功能，而形式多样的文化传承活动却简化成一天数场的街头表演节目，直接导致人们对文创产品生产认识的割裂，误认为历史建筑街区输出的文化相当廉价，这与保护历史建筑街区文化多样性、弘扬街区优秀传统文化的初衷背道而驰。想要化解矛盾，需要协调利益的主体与客体，将非遗资源合理分配，使人均收益更加合理。健全行政保护与司法保护衔接机制，使人们更注重街区文化保护的深度和广度，防止历史建筑街区过度商业化开发。

（二）街区非物质文化遗产的保护对象

在历史建筑街区非物质文化遗产保护与传承的过程中，物质载体是必需的，其中以历史建筑和传承人为主。历史建筑往往可以得到重点关注与保护，传承人和文化传承空间环境保护则容易被忽视。真正见证历史建筑街区变迁的不仅是存在数十年的老建筑，还有居住在街区内部的一辈辈居民，除去基于原真性的物质建筑保护外，同时需要注重传统手艺人的工作生活环境，维持街区文化传播与交流空间。居民日常邻里生活同样是构成历史建筑街区的重要组成部分，大多数传统技艺都是在这种亲切融洽的生活氛围中得以传承的。随着城市的更新与发展，承载着过去生活点点滴滴的非物质文化遗产原生基因仅存于历史建筑街区之中。

（三）街区非物质文化遗产的商业发展

保持推动街区商业化与非物质文化遗产平衡是历史建筑街区可持续发展的关键所在。

历史建筑街区非物质文化遗产的商业发展应当坚持以街区文化为核心，相关产业为驱动，促进街区繁荣，为当地的民众带来经济收益，促进城市的经济发展。如上海市新天地将时尚元素创意融入历史建筑街区，将城市与历史建筑街区完美融合；南京1912街区不仅体现了青灰色与砖红色相间的仿民国风格建筑群魅力,还以民国元素为载体打造时尚娱乐商业街品牌,以连锁的形式进行商业化发展,建设了"扬州1912""无锡1912"等项目。

在相同条件下,现代娱乐体验带来的经济效益远优于传统非物质文化遗产的商业价值,若单纯追求经济效益,非物质文化遗产就会被迅速淘汰,此种行为达到临界值后就会损害街区的文化多样性,使街区失去文化内涵,当游客失去对历史街区的游览热情时,将会从根本上破坏街区的发展潜力。商业化历史建筑街区对于街区内部非物质文化遗产的保护与传播来说既是机遇又是挑战,成功的改造可以一定程度上丰富文化的多样性,提高街区内部的经济发展并带动相关非物质文化遗产的创新与变革。

中 篇　**02**

| 多维度激发历史建筑街区活力 |

第三章　历史建筑街区的多维度保护

第一节　时间维度

从时间维度上来看，历史建筑街区经历时间的沉淀，产生超出建筑实物本身的历史文化价值，应从街区风貌、城市文脉以及建筑修复等方面分析历史建筑街区在时间维度方面的保护策略。

一、不同时期街区风貌

城市在发展的过程中不断变迁，历史建筑街区作为城市文化显现的物质载体，在城市不断变化发展的过程中蜕变成性质独特、风格突出的历史文脉。如今我们所看到的历史建筑街区，是经历了漫长历史洗礼的城市文化的缩影，通过日积月累不断沉淀融合出的历史文化痕迹，反映出街区在各个时期更迭发展的进程。在历史街区不断演变与进化的过程中，不同时期的历史文化元素与建筑风貌在这一区域中先后出现并相互叠加，最终组成了历史建筑街区的发展过程，形成了独特的历史街区建筑风貌。

以古代历史街区建筑的发展为例，大致分为原始社会、夏商周、秦汉、魏晋南北朝、隋唐五代、宋辽、金元、明清等阶段。

在原始社会时期，出现了穴居的居住形式。在建筑不断演变的过程中，建筑的高度、平面格局、内部空间数量等方面发生了一系列变化。

在夏商周时期，出现了木结构的历史建筑，这种建筑结构形式是中国历史建筑的主要建筑形式。在原始社会时期，这种建筑形式处于初创阶段，而到了夏商周时期，建筑风貌呈现出表达等级、秩序等特点。

秦汉时期，出现了中国历史建筑的第一个转折。此时期，砖石建筑快速发展，大规模的都城与大体量的宫殿涌现，建筑规模宏大，组合多样，高台建筑开始减少，庭院式建筑布局初具雏形。这一现象与当时的政治、经济、宗法和礼制制度相匹配，满足人们对建筑的各种需求。秦朝宫殿建筑体现出秦朝注重法理的治国思想。礼制思想在历朝历代都特别注重，秦朝亦是如此，秦朝建筑也被称为礼制服务的建筑。

魏晋南北朝时期是中国大分裂的时代，这时的君主专制呈现了衰落的态势，士绅势力扩大，最后形成了门阀政治。这一时期，统治阶级修建了数量众多的庙宇、塔楼、石窟等建筑，建筑技艺突飞猛进。在建筑装饰上还融合了"希腊佛教风格"，具有代表性的装饰有建筑雕刻和花草鸟兽等纹样。

隋唐五代时期，历史建筑大多呈现主楼居中、纵向中轴线明显的布局特点。在主楼两侧，模仿皇宫庭院走廊的院落布局，多个小院落布置各有特色，例如净土院、藏书院等。

宋辽时期的建筑特点包括木质结构、对称布局、简洁大方的风格以及园林建筑的发展。宋代建筑以木质结构为主，注重结构的稳固和装饰的精美。建筑结构采用榫卯结构和斗拱结构，这种结构使得建筑更加坚固，并且有利于雕刻和装饰的施展。建筑平面布局多以中轴线为对称轴，强调建筑的平衡和谐，同时注重简洁大方的风格，注重内在的美感和精神内涵，建筑表面装饰相对简单，但内涵丰富。辽代建筑受到游牧民族的影响，建筑更加粗犷和简约，多采用土墙和石砌结构，建筑形式更加坚固耐用，具有独特的民族特色。

金元时期，建筑规模缩小，群体发展程度加深。与隋唐五代时期相比，金元时期建筑更加优美、华丽，各种各样的宫殿、亭台楼阁应有尽有。

明清时期建筑风格趋于程式化和装饰化，地方特色和多民族风格得到了充分的发展，为现代城市规划和园林建筑规划提供了丰富经验。

二、不同时期城市文脉

城市历史文脉形成于城市不断进化与持续发展的进程中，同时将城市居民日常活动中具有代表性的生活方式记录下来，形成不同历史时期中城市文化记忆的一部分。城市文脉根植于街区不同历史时期的历史文化土壤中，通常一个街区中会产生一条或多条城市历史文脉，由历史建筑街区中的文化构成，丰富了城市的历史文化价值。因此在对历史建筑街区进行保护的同时，应注重保护街区中的文化多样性，进而达到保护城市文脉的目的。

城市文脉彰显了城市的文化底蕴与生命力。城市文脉是一个抽象的词，代表着一个城市的历史文化与传统，更多时候展现出了一座城市的生命轨迹。正是有了城市文脉的存在，才体现出了不同城市之间的差异与特点，如繁华的摩登都市具有新时代精神，历史悠久的古城蕴含深厚的传统文化，城市文脉无声地影响着城市的面貌与气质。

1986年，沈阳市被列为国家级历史文化名城。沈阳有着新石器时代的新乐文化、中国第一条商业步行街、富含满族特色的沈阳故宫、"九一八"历史博物馆以及丰富的工业文化遗产。独特的城市文化底蕴清晰描绘出沈阳传统文化、商业文化、红色文化、清朝文化、民国文化和工业文化的鲜明文化脉络。

三、不同时期建筑修复

随着新时代城市规划理念的不断深入和发展，历史建筑、历史街区、传统街巷的保护与修复工作持续进行。面对时间跨度的硬性要求，保留历史价值特色，弘扬中华优秀传统文化是建筑修复工作遵循的原则之一。在历史建筑修复材料与技术方面采用同建筑相统一的风格，沿用建筑的传统工艺成为建筑修复要攻坚的难题之一。

在保留历史建筑街区风貌、合理布局城市发展空间及完善城市文化脉络等诸多目标之下，历史建筑原本的空间格局应进行修复。在中国多年的城市规划发展过程中，发现修复工作以保留为主，能够避免建筑仅拥有与原来相似的外观，但缺乏历史内涵及建筑构造的原真性，需进一步提高历史建筑保持原有风貌的程度。历史建筑经过修复后会涉及对建筑功能的多种选择，在发展过程中主要具有居住使用功能和商业使用功能。历史建筑街区修复后的保护工作应在充分尊重我国历史建筑的基本前提下，满足现代经济社会的发展使用需求。

第二节　空间维度

历史建筑街区的保护工作需要对街区的空间范围进行准确的界定，确保历史建筑街区保护具有规模性，同时需要关注位于历史建筑街区周围环境的维护与留存，确保空间布局的过渡与衔接。

历史建筑街区的独特性主要体现在建筑场地和周围环境的不可再造性，所以历史建筑街区不能独立于空间维度而存在，历史建筑街区的保护需要关注地理空间因素对建筑街区的影响。对于历史建筑街区的保护与修复、改建或新建都应在现代技术的基础上，充分借鉴传统技术，与空间格局、街区环境相呼应，力求在空间维度上做到最大限度的历史建筑街区保护与传承。

一、街区风貌核心保护区

在历史建筑街区中，街区风貌保存较为完整的、街区占地规模大的并且历史建筑范围广的区域，是整个历史建筑街区的重点保护地带。通常核心保护区主要是指其核心功能以商业为主的街区，对此区域的保护与修复要注意：保存与维护街区原有的空间格局，严格把控区域内新建与扩建的基础设施，对于改建、翻建等需求，需要严格遵守相关法律法规，从而做到核心区域保护力度最大化，街区的历史文化氛围更加浓重。

二、建筑风貌控制过渡区

位于历史建筑街区核心保护区外围与边缘区之间的区域是过渡区。这一区域构成了历史建筑街区的周边环境，主要是对街区中的历史建筑进行翻新与修缮。过渡区中的建筑翻修风格应参照与其相邻的历史建筑，在建筑更新的体量上，也要尊重各级文物保护单位，使街区中的建筑风格融合统一。一般过渡区内历史建筑功能比核心区更加丰富，如居住、市政和商业等综合服务功能。

三、街区景观协调边缘区

街区景观协调边缘区与历史建筑街区周边城市中的其他区域相接，区域内的建筑风格以现代风格为主。边缘区是历史建筑街区周边环境的重要组成部分，应保持与历史建筑街区的整体环境协调一致，因此需要对该区域内现代建筑的整体风格、高度、体量以及规模等进行严格控制规划。

第三节 文化维度

文化维度是指文化在影响和塑造社会、个人行为及价值观念方面的作用和影响。文化维度涵盖了人们对世界的认知、信仰、习俗、价值观念、艺术表现形式等方面。包括了不同文化之间的对比和交流，以及文化在不同社会和历史背景下的表现和变化。

在研究中，文化维度通常被用来分析和解释文化对社会和个人行为的影响，以及不同文化之间的差异和联系。文化维度的研究可以帮助人们更好地理解不同文化之间的交流和冲突，促进文化的传承和发展，加深人们对文化多样性的认识和理解。

文化维度是一个广泛的概念，涉及文化在社会生活中的方方面面。通过对文化维度的研究和理解，可以更好地认识和理解文化在社会中的作用和影响，促进不同文化之间的交流与理解。

文化维度与历史建筑、历史建筑街区之间存在着密切的关系。历史建筑和历史建筑街区是文化的重要载体，它们承载着丰富的历史、艺术和社会意义。这些建筑和街区反映了特定时期的社会、政治、经济和文化发展，代表了特定文化传统和价值观念。

中国拥有丰富的历史建筑和历史建筑街区，这些建筑和街区承载着悠久的历史文化，具有重要的历史和文化价值。通过文化维度的研究，可以更好地挖掘和展现中国历史建筑街区的文化内涵，有助于提升其在文化传承和旅游开发中的价值，推动历史建筑街区的保护和利用工作。

一、有形文化

历史建筑街区中的有形文化主要来源于街区内的历史建筑和历史景观等实体物质。从文化维度来讲，历史建筑作为历史建筑街区的主要组成部分，是有形文化的主要代表，保护的意义在于历史建筑的存在使城市的历史文脉得到了有效传承。同时基于历史建筑街区有形文化与无形文化相辅相成的关系，有形文化作为无形文化的物质载体，是非物质文化遗产保护与传承的物质保障。

在历史建筑街区中，历史建筑是经城市、县人民政府确定公布的具有一定保护价值，能够反映历史风貌和地方特色，未公布为文物保护单位，也未登记为不可移动文物的建筑物、构筑物；"历史风貌建筑"是建成50年以上，在建筑样式、结构、施工工艺和工程技术等方面具有建筑艺术特色和科学价值，反映本市历史文化和民俗传统的建筑。部分原始的历史建筑因未得到及时的保护与修葺而毁坏或消失，"历史风貌建筑"的修建正是为了保留街区历史文化底蕴，统一历史建筑街区整体风格与空间格局而出现的修复方式。

历史建筑作为一种实体空间存在，使身在其中的人获得更强的参与性与互动性，通过有形文化，激发人们对无形文化的认同，促进历史建筑街区的文化传承，实现历史建筑的使用价值与文化价值。

（一）街区历史建筑

通过对历史建筑的研究，可以解读并传承建筑背后的历史文化。建筑是凝固的艺术，也是流动的历史，历史建筑代表城市的"历史符号"和"历史文化发展链条"，见证了城市几百年甚至上千年历史的更迭，其内在的文化内涵无法被替代，因此，保护城市历史建筑的重要意义在于城市的历史传承与文化表达，透过历史建筑的一砖一瓦传播其内在的历史文化价值。

以沈阳张学良旧居为例，在沈阳历史建筑所体现的文化背景中，该历史建筑群体现了当时中西方文化的交流，以及中西建筑理论的结合，具有独特的历史文化价值与时代意义。张学良旧居历史建筑群修建于东北奉系军阀的繁荣时期，当时整个东北的社会、经济、文化以张学良旧居为中心发展，其中建筑的修建活动十分活跃，出现了在各类文化背景融合下诞生的历史建筑。在张学良旧居建筑群中，大青楼和小青楼这两座历史建筑在建筑风格和装饰方面十分有特色，是民国时期东北历史建筑的缩影。

（二）街区历史景观

在历史建筑街区中，历史景观包含自然景观和人文景观，二者相互作用，其中占主导地位的是人文景观。自然景观一般指植被、水体、景观小品等，人文景观一般是人为建设的景观，如古巷、牌坊、基础设施等一些空间肌理和构筑物。街区历史景观区别于城市的普通景观，具有独特的文化价值和历史价值，属于历史文化资源，同时起到烘托历史建筑街区文化氛围的作用，具有不可复制性。

随着历史建筑街区保护工作的推动，街区的价值也随之提升，功能逐渐丰富，历史景观得到重视。独具特色的历史景观刺激了人们的感官体验，满足了游客的审美需求，成为吸引游客前往历史建筑街区的抓手之一，提升了街区娱乐、休闲、旅游的活力，体现了历史建筑街区的景观价值。由此可以推断，历史景观在作为历史建筑街区历史与文化价值物质载体的同时，也能够推动街区的经济发展，创造经济价值，成为城市的宣传窗口，打造独特的城市名片。

二、无形文化

历史建筑街区中的无形文化是依托有形文化存在的，有形文化的价值通过无形文化来体现，对无形文化的合理保护传承能够有效地延续历史建筑街区的发展。

（一）地域文化

新乐文化属于沈阳具有代表性的地域传统文化。新乐遗址博物馆位于沈阳市中间偏北的地带——皇姑区龙山路 1 号。新乐文化遗址一共分为上中下三层，其特点表现为上层出土文物——石器与陶器；中层较薄，所以没有完整的出土陶器；下层则发现大量的房址与艺术品。新乐文化遗址的发现为沈阳的历史文化研究做出了重大贡献，是沈阳地区史前文化的典型代表。

（二）商业文化

中国第一条商业步行街——中街，它的兴盛与繁荣在沈阳商业发展中具有典型性。最初中街并不叫中街，而被称为"四平街"，寓意四季平安，后因中街位于主城区空间的中央，所以百姓都称之为中街。中街两侧的历史建筑在经过多次翻新与维修后，最终形成了现代建筑分别与清朝和民国两个时期建筑相结合的形式。

清朝中期，由于沈阳城市人口增加，商业活动随之兴盛，逐渐在中街地带形成了最早的商业区。中街最兴盛的时期，商业活动占据沈阳经济活动大部分，还兴建了许多富有文化价值的老字号。令人遗憾的是，抗日战争期间，日军抢夺商户的行为致使许多老字号在此期间消失，中街的商业文化脉络也出现了断裂。如今的中街步行街增添了许多现代化元素，例如步行街东起点牌坊旁的3D巨幕十分引人关注，数字化手段促进历史建筑街区焕发出新活力。

（三）红色文化

沈阳是一座英雄城市，有着悠久的历史，从广义上来看，沈阳的红色文化包括抗日战争文化，也包括中国共产党的城市管理文化。沈阳是中国人民抗日战争的起始地，遍布于沈阳市的红色文化遗址多达88处。中共满洲省委旧址纪念馆兼刘少奇旧居纪念馆为广大人民讲述了在中国共产党的领导下，沈阳人民英勇反抗日本入侵这一辉煌的革命历史。以"九一八"历史博物馆为主体，以沈阳二战盟军战俘营遗址陈列馆、中国（沈阳）审判日本战犯法庭旧址陈列馆等历史建筑为辅助，构成了沈阳人民抗击法西斯战争的光辉篇章。

（四）历史文化

沈阳故宫是世界文化遗产，也是沈阳历史文化和旅游文化的核心，是中国现存的两大宫殿建筑群之一。沈阳故宫也叫作盛京皇宫，始建于清朝初期。在清朝迁都北京后，沈阳故宫被称作陪都宫殿。经过康熙和乾隆两个时期的修整与增建，沈阳故宫最终形成了我们今天所看到的规模，宫殿建筑100多座，房间500余间，占地面积达6万平方米。西边的戏台（1781年）、嘉荫堂（1781—1783年）、文溯阁（1782年）、仰熙斋（1781—1873年）都是清代皇帝东巡盛京时，用来读书、娱乐、收藏《四库全书》的地方。

清福陵，即沈阳东陵，作为沈阳清朝文化发展的象征，是努尔哈赤和孝慈高皇后叶赫那拉氏的陵墓。东陵里有建筑形式如城堡般的方城、隆恩门楼，还有一座神秘的地下宫殿。清福陵建筑群体现了中国历史建筑的高超技艺。

（五）民国文化

民国时期沈阳独特的街区文化是沈阳文化的内在支撑。沈阳民国时期文化对建筑的影响可以大体分为两个部分，分别为"九一八"事变前以及"九一八"事变后。

九一八"事变发生前，沈阳的建筑风格受到了西方建筑的影响，欧洲的古典建筑风格在盛京皇城历史建筑街区内出现，吉顺丝房、吉顺隆丝房等西式商业建筑相继出现，四平（中街）大街上的西式建筑也越来越多，如现存的利民商场、亨得利手表店、老天合丝房等。

九一八"事变发生后，东北地区经济逐步发展，而沈阳作为东北的经济、政治、文化中心，发展已经领先其他城市。这时的沈阳盛京皇城区域内兴建了大量建筑，富有近代西方建筑风格色彩，对于今天的历史建筑保护有较高的历史价值。当前，沈阳正处于振兴、发展的紧要关头，对民国文化进行深层次的发掘与整理有助于沈阳历史文化传承向创新与传承并进转化。

（六）工业文化

沈阳的工业历史伴随城市的近代化演变而来，早在 1896 年沈阳就建立了东北第一家机器工厂——奉天机器局。20 世纪二三十年代，沈阳的工业迅速发展，在新中国工业发展中抢占先机，大中型国有企业纷纷涌进沈阳，这一时期超过 300 个"工业第一"在沈阳诞生。

表 3-1　沈阳工业文化遗产分布表

工业文化遗产名称	工业文化创意园区	时间	地址
铁西区工人村历史建筑群	工人村生活馆	2007	铁西区西南部
沈阳重型机械厂旧址	重型文化广场	2010	铁西区兴华北街 8 号
沈阳重型机械厂二金工车间旧址	铁西 1905 文化创意园	2012	铁西区兴华北街 8 号
沈阳铸造厂翻砂车间旧址	中国工业博物馆	2012	铁西区卫工北街 14 号
奉天纺纱厂旧址	铁锚 1956 文创园	2016	大东区大东路 47 号
沈阳飞轮厂旧址	奉天记忆·铁西印象	2016	铁西区北四中路 22 甲号
沈阳红梅味精厂旧址	红梅文创园	2018	铁西区卫工街北三路

通过查阅和实地调研，可以分析出沈阳大部分的工业文化遗产主要分布在铁西和大东这两个行政区域内。

尽管工业文化遗产分布在这两个区域（见图3-1），但已经开发的工业文化创意园区都位于铁西区。原因在于在城市空间规划的更迭过程中，位于大东区的工业文化遗产没有得到良好的重视与保护，许多工业建筑旧址已经拆除，而铁西区曾有"东方鲁尔"的称号，因此得到了更高的关注度。铁西工业区承载了沈阳工业文化的发展，保留了沈阳工业文化的底蕴，焕发出沈阳工业文化的生机，对沈阳工业文化建设有着突出贡献，弘扬了沈阳人民拼搏向上的时代精神，实现了工业文化遗产的可持续发展和利用。

图3-1　沈阳工业文化遗产分布示意图

三、文化传承

历史建筑街区的非物质文化遗产承载了街区的无形文化。作为非物质文化遗产的传承人，他们既是无形文化的传播者，也是历史建筑街区中的居民，因此对于非物质文化遗产、非遗传承人以及街区当地居民的保护同样至关重要。

（一）传统民俗

沈阳老北市正式开市于2020年9月30日19点，文奉园内设有大观茶园、老电影院、老物件博物馆、蜡像馆等众多民国主题文化元素建筑。老北市历史建筑街区内的美食和小物件也带有浓浓的年代感，一场穿越时空、连接文脉、雅俗共赏的盛大开业典礼点燃了沈阳城市的夜空，唤醒了人们对"老北市1636"的回忆，构建了将清朝文化、民国文化、民族文化、市井文化等多种文化融合在一起的盛世。老北市以崭新形象，续写沈阳城市包罗万象的历史文脉，成为沈阳文商旅融合的城市代表，市井繁华的标志。

（二）传统美术

沈阳"面人汤"——沈阳市皇姑区传统美术，是辽宁省级非物质文化遗产之一，是老艺术家汤子博先生于清代末期创立并发扬的一种面塑流派。汤子博老先生擅长做以佛为创作元素的面塑人物，老先生的弟弟汤有益，不同于哥哥汤子博的风格，擅长做古典戏剧面塑人物。沈阳"面人汤"的面塑具有独特的艺术风格和手法，捏塑出无数人物和社会生活场景，技艺精湛，惟妙惟肖。

2006 年，沈阳"面人汤"被列入辽宁省第一批省级非物质文化遗产名录，并于同年被列为沈阳市首批市级非物质文化遗产。沈阳"面人汤"继承了传统面塑的工艺技巧，注重"面人就是面神"的原则，善于捕捉人物与动物在情感上的瞬间变化，并把各种情感通过神态、表情的种种变化融入面塑作品中，使每件作品都具有丰富的神情和饱满的感情，神态各异，个性突出。

（三）传统技艺

中街大果手工技艺作为沈阳传统非遗，公示在沈阳市第八批市级非物质文化遗产代表性项目名录推荐名单中。中街大果是沈阳中街冰点城食品有限公司的明星经典产品，是几代人的美好记忆，始终保持最传统的工艺。中街大果雪糕因其独特的配方、原始的味道作为沈阳非物质文化遗产畅销全国 70 余年。

中街大果手工技艺，从第一代掌门人开始就已经规划好了它未来的定位与发展方向。在这项非遗技艺代代相传的过程中，每一代接班人都会从社会和时代发展的角度对"中街大果"进行重新定义。作为中街 1946 掌门人的杨皓翔肩负着诠释"中街大果"的责任，以文化为纲，以传承为本，以创新升级产品为载体，迎合消费者与时俱进的消费需求，肩负老字号传承使命，弘扬与传播民族品牌力量。

第四节 情感维度

历史建筑可以使人们对其获得认同感和归属感，是凝固的历史文化表现形式。从情感维度出发，对于历史建筑街区的保护应该兼顾到当地居民和使用者的情感需求，同时具备现实意义。在历史建筑的修复工作中，应做到对建筑的特征形态、色彩选择、空间肌理以及材质等方面尽量保留原貌。历史建筑无疑是一种重要的精神存在，能够真正且有效地唤起我们城市、周边民众和社区对历史记忆的情感共鸣。就其价值而言，在后期的修复、保护和发展过程中，尤其要注意建筑本体对传统文化情感内涵的保存。

红梅味精作为沈阳市的名牌产品，于 20 世纪末被正式认定为中国驰名商标产品，享誉大江南北，这也是辽宁沈阳乃至东北三省获得的第一个国家驰名商标。如今这里孕育出了一个同样有影响力的文创空间——沈阳红梅文创园，园区的改造为 80 多年的老厂房填充了崭新且浓郁的现代文化气息。红梅味精厂区中坐落着 13 座具有工业文化特色的传统工业建筑，其中原料库建筑被重新规划，改造为 Live House 室内音乐厅，可同时容纳上千人，每年都会举办 300 多场国内大型音乐表演活动，成为沈阳最有生命力的音乐场所。沈阳红梅文创园最大程度上保留了原始历史痕迹，在不破坏原有风貌的基础上，实现了由工业遗存向文化创意园区的转型，迸发出符合新时代城市需求的新动能。

一、个人情感

沈阳工业的发展曾经在中国的工业发展中发挥着巨大作用，带动了中国工业的快速发展，也因此收获了"共和国长子"的称号，虽然如今工业的发展动力已经不足以支撑第三产业以及高新科技的发展，但是作为经历过沈阳工业繁荣时代的市民和生活在这些街区中的居民，对此还是存在极大的情感。因此，我们对历史建筑街区的保护不仅是保护一个城市的历史记忆，更是为生活在这里的人们提供一个寄托家乡情感之地。

二、集体情感

原沈阳铁西工人村的范围很广，经过多年的历史演变，现有的城市格局中仍然留存了大量独特的工业文化符号。铁西工人村的历史建筑风格参照了苏联街坊围合形式，整个历史建筑街区具有较高的工业文化格调，代表铁西区在工业时代的"先进"和"荣誉"。沈阳铁西工人村的出现标志着国家对工人阶级的关注，让广大工人阶级群体感受到了新社会与新生活。

铁西工人村建筑群是沈阳工业文化的重要组成部分之一，在工人村生活过的工人阶级群体对这些建筑有着最直接的集体情感。铁西工人村历史建筑街区是保留城市工业文化记忆的重要场所，街区内的建筑、景观反映了沈阳工业发展兴盛时期工人群体的日常生活，成为铁西区人们的精神寄托。工人村历史建筑街区代表了沈阳在新中国成立之初工业的蓬勃发展，也代表了一批劳动人民无法复制的时代和成长，表达了工人阶级的自豪感与建设祖国的决心与奉献。工人村生活馆作为全国第一座以工人生活为主题的博物馆，将沈阳工业时代的工人家庭真实生活景象展现得淋漓尽致。

三、社会情感

目前，城市更新存在"同质化"现象，历史文脉与文化内涵严重缺失。城市从最初的功能定位逐步向文化方向转变，文化作为国家软实力，它在塑造城市风格的过程中扮演着举足轻重的角色。文化遗产的继承不能简单地照搬，要根据城市的历史特征和总体定位，发掘出具有自身特色的文化系统和城市内涵。

新中国成立初期，中国很多城市都是以工业化为主导，这些城市一度引领经济发展，但是在工业结构调整、职能转变之后，城市工业文明逐步没落，工业化变成了落伍的代名词，工业光辉已经成为过去的记忆，那些口头上的标签已经失去了意义。然而人们并不知道那些被他们遗忘的工业遗存、工厂、工业零件却是这座城市的历史文脉和精神支柱。

铁西工人村生活馆作为沈阳重要的工业遗存，记载了沈阳超过60年的工业发展脉络和工人生活痕迹，为老工业城市的发展注入了历史文化活力，增加了城市文化的多样性，以工业文化为主要内容的新兴产业也逐步发展起来。工业遗址的旧厂房和设备被改造成工业博物馆中不可缺失的时代元素，工人村被改造成了生活馆，这些更新与保护既保留了城市发展的历史，也保留了老一辈工人群体的生活记忆。

第五节　真实性维度

一、真实性的概念界定

《威尼斯宪章》（1964 年）是国外最早提出历史建筑街区真实性保护的文件。《威尼斯宪章》对于历史建筑真实性保护的要求主要体现在以下方面：首先，对于历史建筑的翻新修复要适当，不能一味追求"新"而破坏建筑的原始部分；其次，注重对于历史建筑文化底蕴的保护，不应因追求风格上的统一破坏历史文化。《历史城市保护学导论：文化遗产和历史环境保护的一种整体性方法（第一版）》（2001 年）是目前国内最全面、最系统阐述历史建筑保护真实性含义的学术著作，该著作从历史建筑保护实例等方面阐述了真实性在历史建筑街区保护工作中的重要意义。总而言之，真实性是历史建筑街区保护的核心原则。

二、真实性的评判标准

《实施〈世界遗产公约〉操作指南》（2021 年）依据文化遗产类别及其文化背景，认为当遗产的文化价值具有外形和设计、材料和实质、用途和功能、传统、技术和管理体系、位置和环境、语言和其他形式的非物质遗产、精神和感受，以及其他内外因素时，具有真实性。

此外从不同国家的地理环境和人文情况来看，对于真实性的评判标准也存在区别。位于亚洲的东方历史建筑大多采用了木质材料与结构，这使得建筑在日积月累的使用中更加容易出现损毁，影响建筑风貌。西方国家的历史建筑则更多地使用了石头材质，其相较于木头更加坚固，留存的时间更久。如今历史建筑街区的真实性评判标准仍在进化，逐渐向主客观相统一的全面标准迈进，评判对象涵盖的范围逐渐拓宽，由建筑单体向建筑群体推进，再到历史建筑街区，直至发展为历史文化名城。

三、历史建筑街区的真实性

历史建筑街区在城市文脉传承中的历史价值、情感价值和文化价值都很高，历史建筑的保存和再利用要充分发挥这些价值，同时尽量保留完整且实用的建筑功能。一般对于历史建筑街区的保护利用可以分为两方面：（1）对已经无法适应现代社会生活或已经损毁的部分进行拆除与替换；（2）尽量保留历史建筑街区原有的空间外形与内部功能，对其进行延续与完善，使历史文化资源保护最大化。

历史建筑街区是"活着的'文化遗产'"，"必须是人们仍然生活其中的，必须是继续发展的，这是其最重要的特点，保护也必须适应这一特点"①。历史建筑因内部居住的人的存在而具有文化内涵和生活气息，从"真实性"的角度来看，应当尽可能地避免将所有的居民迁移到其他地方。

---

① 单霁翔. 乡土建筑遗产保护理念与方法研究：下［J］. 城市规划，2009（1）：57-66，79.

第四章　历史建筑街区保护的原则目标

第一节　保护利用

一、保护与利用的关系

（一）多模式更新发展

1. 整体化更新模式

历史建筑街区的整体化更新偏向整个街区进行房地产开发。如上海市新天地将历史建筑内部的空间格局重新规划，进行功能置换，开发第三产业，如添加娱乐、餐饮、商业等产业，焕发历史建筑内部空间活力。此种更新方式保护了历史文化资源和街区风貌，提升了历史建筑街区的实用价值，历史建筑再利用也有利于区域的经济增值，为历史建筑街区注入活力。

2. 旅游更新模式

这是一种更加贴近动态保护利用历史建筑街区的更新模式，面对的更新主体主要是适合开发旅游业的知名村镇或历史建筑街区。一般面向的具体对象分两大部分，分别是自然风景区和历史文化景区，依托原有的自然景观和历史文脉，开发特色旅游产业。在这种更新模式下，发展了城市的旅游板块，拓展了城市经济结构，丰富了经济多样性，优化了城市风貌，改善了居住环境，提高了民生质量，对城市的房产市场有促进作用。

3. 商业化更新模式

与其他历史建筑街区相比，商业化更新模式更适合有着较好的地理优势以及适合商业发展的街区。从地理位置的角度分析，使用此类保护模式的历史建筑街区多数位于市区中心，人流量大、交通通达度高，适合举办各类商业活动。此类模式在保护历史建筑街区外在形态、延续街区风貌的基础上，进行商业化开发，调整街区资源配置和运营模式，适应现代化商业活动，提升历史建筑街区知名度，创造商业价值。对比商业化模式与旅游化模式可以看出，二者针对的受众是不同的：商业化模式更偏向服务本地居民，贴近本地人的娱乐活动需要，同时能满足部分外地游客的需求；而旅游化模式面向的主要群体是外地游客。

4. 有机更新模式

吴良镛院士最早提出的这一理论为城市文脉保护与更新做出了巨大贡献。历史建筑街区有机更新代表街区中整体与部分之间的关系，局部要符合整体，整体要反映局部。可以把历史建筑比喻成街区的"细胞"，顺应自然发展规律，历史建筑要像细胞的新陈代谢一样不断更新。在历史建筑街区原有的基础上，有机更新模式凸显了渐进性、可持续性等特点，尊重了街区原有的空间肌理。吴良镛院士将历史建筑街区分为三大类，有机更新模式针对的建筑主体是其中占比最大的一类——介于拆除与保留之间的历史建筑，此类建筑使用时间较长，是重点保护再利用的对象。

5. 微更新模式

目前国内外出现过的微更新模式案例显示，微更新这一模式包含了城市微循环、城市针灸等理论角度。微更新模式对历史建筑街区保护的指导意义在于：此种模式以"规模小"为核心原则，使街区改造周期缩短，减少资源浪费，有针对性地治理历史建筑街区的关键问题，减少对历史建筑街区内居民生活状态的影响，对日常人口流动空间使用权的冲击也降到最低。因此，微更新模式的另一大特征就是持续性强，对街区的历史风貌做到了循序渐进的保护，最大力度保护了原有的历史文化元素，有助于历史建筑街区的可持续发展。

（二）保护与生活

在历史建筑街区中，除了建筑与景观，最重要的就是街区中的人。对于政府来说平衡原住居民生活需求与历史建筑保护再利用是一项重要议题。目前大部分历史建筑街区存在的问题表现为：街区人口密度较高、街区基础设施老旧、街区生态环境较差、建筑年久失修等，这些问题都与街区内居民的生活息息相关。随着人们对生活质量要求的提高，逐渐呈现出居民对美好生活向往与不达标的历史建筑街区环境间的矛盾。在此基础上，历史建筑街区出现了搭建、翻建以及改建等多方面问题，这些缺乏相关部门管理与指导的居民自发行为，严重影响了街区的历史风貌，不利于街区的统一管理，并且产生了诸多安全隐患。

对于这些问题应从以下三方面入手解决：（1）政府应介入管控与调整街区的人口结构，减轻历史建筑街区的人口负担；（2）由专业人士对街区内的建筑翻建与维修进行规划与指导，确保在不破坏街区历史风貌的前提下，最大限度为居民提供良好的居住条件；（3）定期对历史建筑街区内的基础设施和环境生态进行检查与改善，有效提升居民的生活质量。

（三）保护与管理

保护与管理的关系体现为以下几个方面：建设与保护、修葺与再利用、数字化管理等，其中相关部门在管理中的表现尤为重要。第一，历史建筑街区的存在展现了属于每个城市的不同文化底蕴，政府应重视并大力支持对于历史建筑的保护，延续城市文脉。在保护历史文化资源的同时，历史建筑也同样重要，由相关部门管控，减少使用大拆大建的方式，确保历史建筑的完整性与安全性。第二，专业人士定期对历史建筑进行检测，及时发现需要修缮的部分。修缮过程中尽量选用与历史建筑原材料一致或相近的修复材质，保持历史建筑的原始状态，在施工过程中应格外注意避免破坏建筑。第三，相关部门可以结合数字技术，建立数字化信息平台，对历史建筑街区的管理精细化、数字化、科学化，如录入街区的地理地形图、政务地图、建筑数据、文化遗产数据等，打造历史建筑街区数据库。

二、存在问题原因分析

（一）保护目标不明确

目前关于历史建筑街区保护出现的问题主要表现为保护的目标不明确——以保护为主还是以再利用为主；保护的方向性不明确——方式缺乏标准，保护缺乏持续性等。

在保护目标方面，对历史建筑街区的调查不够深入，信息掌握不全面，因此出现了对历史建筑去留无法达成一致的问题。在历史建筑再利用方面，对于建筑再利用的规划与力度、建筑内部空间功能是保留与置换、建筑风貌的保留与更新都是亟须明确的问题。此外，历史建筑街区的改造与更新缺少整体性、规划性和渐进性，通常只进行小部分的改造，追求短期利益，造成历史建筑街区空间不统一。历史建筑更新环节不连贯，没有逻辑性，街区信息不准确、不全面，无法敲定合适的街区更新方向。历史建筑街区改造更新完成后存在监管脱节的问题，无法保证街区后期管理与运营规范，整个工程只完成了表面工作，浪费资源。缺少相应部门监管，导致整个街区的保护更新无法长期持续良性发展。

（二）原真性遭受破坏

截至目前，历史建筑街区的保护再利用理论与实践已经达到了比较先进的水平，但值得注意的是，个别地区由于对历史建筑街区的商业、旅游业开发而使街区的原真性遭到破坏。修建、复制一些与历史建筑风貌相似的建筑，虽然可以为街区带来短期的经济效益，但这明显对街区原有的"民俗风情"造成了冲击，使历史建筑街区变得"有形无魂"。在时间的检验中，"假古董"必然无法为街区带来积极的影响，街区的历史价值、经济价值都会大打折扣。

原真性原则使历史建筑街区的保护修复成为一个辩证性的工作，不能片面地从一个角度来判定街区的真实性价值。从历史风貌角度来看，损坏的部分降低了历史建筑街区的审美价值，但这些岁月的痕迹也正代表了街区建筑的历史性。从理论上来说，在我国历史建筑普遍是木质材料的大前提下，如不进行人为干预，建筑必然无法抵挡自然规律，独自完好地保存。由于时代的不同，对于同一对象的判定往往会受不同时代背景的影响，其中也包含了对原真性不同角度的理解和不同方向的追求。所以我们需要在漫长的历史中，选择其中某一个时期的建筑形态作为修复的标准。

（三）保护模式商业化

历史建筑街区的主要价值在于其丰富的历史文化资源，街区凝聚了城市大部分的历史文化内涵。街区商业开发的主要目的是宣传城市独特的人文历史和优秀传统文化，商业行为应建立在这两个文化基础上，进一步激发和提升历史建筑街区的社会人文价值和历史价值。

理论上来说，商业模式会为历史建筑街区带来经济利益，但如果随着经济增长继续进行商业开发，由此形成循环，那么当街区的商业价值占比超过了文化与历史价值，商业空间挤压生活空间，当地居民的生活体验变差时，就会引起街区的非物质文化遗产传承危机。如果历史建筑街区失去了非物质文化遗产，也就失去了最核心的价值，最终沦为商业开发的空壳。

现在国内许多历史建筑街区主要以保护居住文化和开发商业资源为主，产业状态低迷，缺乏吸引力。由于历史因素，其使用性质也发生了很大变化，成为由大小企业、办公区、住宅区和工业用地组成的综合体。复杂的功能组合，使得很少有人去欣赏街区包含的传统习俗和历史文化。

（四）保护主体受破坏

在城市建设过程中，一些不合理的城市规划将历史建筑大肆拆除，导致历史风貌、文物保护单位遭到破坏，增加了保护难度。为了迎合城市发展和旅游需要，历史建筑街区在翻建过程中变得千篇一律，与街区风貌不符的现代城市景观穿插其中，使历史建筑街区丧失了文化活力。还有一些将历史建筑拆了又建的行为，造成资源浪费，建筑外墙沿用历史元素，内部是毫无文化底蕴的现代化空间肌理。在历史建筑街区的保护过程中，承担居住功能的建筑的保护工作由于当地居民保护意识薄弱等问题存在一定难度，加剧了街区保护的工作压力。如山东省济南市芙蓉街两侧的历史建筑，一层和二层直接被拆除并改建为钢筋混凝土制的现代建筑，变成不具备文化价值的复制品。

（五）出现同质化问题

历史建筑街区的保护与更新存在同质化问题，大多数街区以餐饮和购物等商业类型为主，无法体现城市的历史文化内涵，缺乏展示历史文化、城市民俗特点和互动性强的体验型业态。千篇一律的街区景观使外地游客产生审美疲劳、本地居民缺乏认同感，久而久之消费热情冷却，致使历史建筑街区经济萧条，文化底蕴流失。

第二节　综合活化

一、历史文化元素活化

历史建筑街区中文化元素来自街区中的无形文化暨非物质文化遗产。

基于文化的多样性，在保护和继承非物质文化遗产的过程中，要做到多层次的利用和优化居住区域中的传统要素。其中，最具特色的体现就是历史建筑街区中的传统生活方式，社区居民的社交活动、生活习惯以及谋生活动，都具有地域特征和文化意蕴。历史建筑街区的物质空间承载了居民日常的社交行为，在此基础上丰富历史建筑街区的现代基础设施，为市民提供锻炼、休闲、交流的区域，吸引人们走出住宅，更多地感受街区历史文化氛围。

二、功能置换商业利用

历史建筑功能置换是指将新规划的建筑空间内部功能与原有历史建筑中不合理的空间进行替换，为历史建筑注入现代元素，弥补其功能上的缺陷。对历史建筑街区的改造，既要适应当代的需要，又要弥补区域功能的不足，还要焕发街区的活力；对历史建筑功能的置换，需要对建筑内部空间进行再规划、扩建，通过对建筑内部的空间重新规划、分隔，进行功能布局，使建筑获得新的生命力。

空间功能的重新布局使历史建筑街区更适应现代都市的发展，满足更多人的休闲活动需求，但与此同时也要保护传统商铺作为城市历史记忆的象征。例如，按照沈阳中街的相关历史信息调整街区内的商业类型，把与该街区历史文化不相适应的商业种类进行适当的迁出，有选择地对原有的老字号进行局部修复，以达到街区历史风貌最优化的效果，既能吸引外来游客，又能激起本地居民的历史认同感和情感共鸣。

三、旅游创意产业再造

根据街区空间特征及内部建筑的功能，沈阳可以在中街历史建筑街区增加适合的创意旅游产业，融合历史文化元素，激发街区文化活力。随着沈阳都市圈的迅速发展，中街历史建筑街区作为沈阳城市文化名片，可以考虑将旅游创意产业纳入其中，使其成为新的主要用途，创新功能产业结构，促进区域多样性发展。

针对中街历史建筑街区的地域特征和记忆诉求，设计出符合当地文化底蕴的旅游产品，营造出具有特色的地方要素和丰富的互动体验，让外来游客真正融入历史建筑街区的环境当中，并以亲身体验来获取地方记忆。加强对外地游客宣传地方美食节、书画展览节、节庆庙会、灯会等热门活动，逐渐形成具有地域影响力的自发型旅游文化，打造成沈阳具有代表性的城市名片之一。鼓励中街传统老店定期举办传统手工艺展览，宣传优秀传统非物质文化遗产，并让参观者沉浸式体验传统手工技艺，更好地了解历史建筑街区的集体记忆。将中街的传统文化和现代美学相结合，发展新的旅游品牌，例如，卷轴彩画、手绘明信片、泥人泥塑等，激发游客兴趣，提高旅游质量，促进历史建筑街区的经济发展。

以地域传统文化精神为核心，在科学评价的基础上，对历史建筑进行改造，将其改造成历史文化馆、纪念馆、民俗风情体验馆等，使人们能够走进历史、"参与"历史，从而延续历史建筑的生命力。此外，建议打造同中街与沈阳故宫有关的文旅书店、供游人休息的茶馆、酒吧等新兴店铺，将慢生活融入历史建筑街区中。这样不但可以增加对本地青年游客和外地游客的吸引力，也可以建立起由老入新的桥梁，促进历史建筑街区氛围的营造。

第三节　价值提升

一、文化传承价值

历史文化价值的继承和发展是一个国家社会文明发展演变的重要指标。人们在满足衣食住行的基础上，也会寻找精神上的知足。人类生命进行的过程中物质与精神交织，对历史建筑街区中历史和文化故事的追忆，可以使人的心灵得到充实。在物质文明高度发展的今天，对历史建筑街区所拥有的历史、文化背景进行继承十分必要。对历史文化的追忆与传承，既是人情感的需要，也是社会发展的需要。个人、城市、民族、国家的发展以及城市的现代化进程都离不开历史和文化价值的继承与传播。《实施〈世界遗产公约〉操作指南》指出："精神和感觉这样的属性在真实性评估中虽不易操作，却是评价一个遗产地特质和场所精神的重要指标，例如，在社区中保持传统和文化连续性。"①

（一）传承体系

1. 推进文化遗产的数字化

当今数字技术已经发展到相当成熟的阶段，这为我国优秀传统文化的传承提供了技术支撑。但从目前我国文化遗产制度建设的状况来看，依然欠缺对传统文化继承与发展的数字化体系，技术上的数字化处理方式依然与深度理解传统文化内涵存在一定鸿沟，要充分利用数字技术的优势，就需要根据实际情况来改进。在进行传统文化资源数字化整理的过程中，要从文化的基本内涵入手，与有关的政策和机制相结合，制订遗产数字化保护方案。

2. 改进文化遗产保护缺陷

在传承与弘扬优秀传统文化时，对优秀文化遗产的保护发挥着重要的作用。为了提高传统文化遗产的传承效应，需要加强遗产保护。现有的文化遗产制度已经与图书馆、艺术馆等融合，虽然受众面很广，但是在实际的传承中仍存在一些问题，使其无法充分发挥文化传承的作用。在今后的文化遗产体系构建中，必须重视缺陷，并采取相应的完善对策。

3. 构建文化遗产保障体系

优秀传统文化是中华文化的精髓，传承体系是一个强大的平台，可以促进传统文化不断向前发展。在传承制度的构建中，要有一套行之有效的保障机制来对其进行规范和制约，以保证传统文化高质量的传承。在传承优秀传统文化的过程中，传承人的道德品质将直接影响传承质量、性质以及具体的发展方向，如果传承主体的道德素质不高，不但达不到传承目的，还会导致传统文化的传承者与接收者大量流失。需要有一种道德约束机制对传承人进行规范，让传承人能够起到引领的作用，在社会中树立良好榜样，让更多人了解到优秀传统文化。

4. 推动文化遗产转化发展

时代是不断发展的，人民的文化需求也随着时代的发展而变化，只有与

---

① 联合国教科文组织世界遗产中心. 实施《世界遗产公约》操作指南［R］. 中国古迹遗址保护协会译，2021（07）：18.
联合国教育、科学及文化组织，保护世界文化与自然遗产政府间委员会. 实施《世界遗产公约》操作指南［Z］. 2015-07-08.

时代相适应，历史建筑街区中的城市文脉才能得到充分保护和发展。历史建筑街区文化传承要适应时代发展需要，要符合社会热点、社会观点和群众需求，这样才能为广大人民群众所接受。历史建筑街区的规划者应当深入了解人民群众的生活，将历史建筑街区规划融入人们的日常生活中，满足人们更多需求。

（二）文化教育

1. 创新传统文化教学观念，建设创新网上教学平台

网络媒体时代传统文化文本的生产与传播变得更为方便，媒体通过互联网构筑了现代的传播结构，建构了既有现代性又有历史感的传统文化输出模式，为观众提供了自由传播与体验的渠道。高校教育工作者要正确认识传媒技术对传统文化的冲击，更新传统文化教育观念，充分利用网络媒体优势，把学习传统文化融入学生的日常生活中。充分发挥媒体对传统文化潜移默化的作用，学生在浏览网络媒体平台所展示的优秀传统文化时，会在不经意间被其影响和感染，从而内化于心，外化于行，真正做到提高传统文化教学的实效。

2. 加强传统文化素质培养，营造网络教学良好氛围

网络媒体以大众为主要媒介，其传播内容具有较大的自由度、较高的互动性、较难管理等特点，这使得传统的文化信息在网络媒介中呈现出良莠不齐的现象。网络媒体应积极提高自身的传统文化素质，引导学生对接收的传统文化信息进行合理分析、辨别是非、辨别真假，从而接受和学习优秀传统文化知识，并引导学生对自己在网上发表和转发的传统文化动态信息产生责任感，共同创造一个良好的网络交流环境。高校教师要充分利用好传统文化，充分挖掘优秀传统文化内涵，开拓信息化、数字化的优秀传统文化教育路径，把优秀传统文化与课堂教学有机结合，在多元学习中培养学生的人文精神、民族精神，从而切实提高在课堂教学中渗透优秀传统文化的实效性。

3. 变革传统文化教学手段，拓展网络教学多元途径

自媒体时代，高校优秀传统文化的传承要守正创新，要坚持正确的指导思想和基本原则，要把优秀传统文化的主要内容贯彻实施，要充分发挥媒体传播的媒介作用，在教学手段上进行创新，拓宽网络教学渠道，使优秀传统文化的教学方式向现代化方式转变。高校可以建立校内、院系、专业等微信

公众号、校园官方微博等，定期发布优秀传统文化系列典型案例，充分发挥网络媒体的引导功能，定期组织各种形式的传统文化实践活动，根据当地的特色组织一些优秀传统文化学习活动，运用互联网将线上和线下的学习活动交流结合在一起，利用媒体发布活动信息、跟进活动过程、展示活动动态等方式，使优秀传统文化线上、线下结合传播。

二、产业功能价值

历史建筑街区的工业激活必须与其特定的发展需求紧密结合，并在其发展目标和规划的指引下，实现整个地区产业体系结构的优化。在此基础上，以历史建筑街区为载体，新旧动能转化为手段，促进区域的可持续发展。深入挖掘沈阳市历史建筑街区的文化资源，与优质目标产业相结合，在利用和发展历史文化资源的同时，还应建立起与优势产业、文化资源相适应的独特历史空间，使其成为一个具有主题产业生态链和鲜明历史文化特色的品牌。对标现代大都市产业集群的平台类型，发展为符合城市历史文化价值和空间载体环境的新经济、新产业类型。

（一）创意产业

创意产业以智能生产、创意生产、设计创意、定制艺术为主。就业人群更年轻，能够给城市带来蓬勃发展和创新气氛，也能产生品牌效应，且成本低廉，增值能力强，是大都市发展的重要方向。历史建筑街区是一种特殊的历史文化载体，它与创意产业灵感需求密切相关。创意产业多以个体或群体为基础，行业单位规模比较小。在历史建筑街区内，可以满足多种产业空间的发展需要，并可以通过空间改造，形成高质量的众创空间和孵化器。

（二）社交产业

社会消费、社会产品、社会经济都是从社会文化中衍生出来的。在全球化的大环境下，跨国企业、国际学校在各个大城市中不断涌现，多时区消费事件和日常生活的沟通逐渐融入了现代都市。以消费年轻化为特征、全时段业态为依托的社会化消费文化已成为当代国际都市发展的潮流。慢生活社交场所通常以国际化和传统化两方面为代表，如咖啡馆、酒吧、茶馆、戏院、剧场等。

（三）旅游产业

旅游产业的开发是目前国内外保护与利用历史建筑街区的重要模式之一，把不可复制的街区文化遗产，包装成展览、休闲、民宿、餐厅等功能场所，对历史建筑进行修缮、改造，活化历史建筑街区及建筑空间，利用特有的历史和文化环境，为当地带来持续的租金和消费收入，极大地提升了历史建筑街区的特色价值，并对区域经济发展起到了积极的推动作用，这在某种程度上也推动了大众对历史遗产的关注，使其积极参与保护活动。旅游业是沈阳经济发展的重要组成部分，也是吸引投资和消费的重要因素。

（四）文化产业

文化具有很强的渗透性和关联性，在工业整合的大环境中，最具有影响力和生命力的是文化产业。在经济、社会、生态等方面，文化因素可以广泛、深入、高水平地进行整合和创新，推进工业类型的裂变，优化产业结构，促进工业文化遗产可持续发展。历史建筑街区可以是一个城市节庆文化的中心，要把街区文化开发作为一个重要的发展策略。建设文化产业和文化平台，使历史建筑街区焕发生机，增强文化氛围培育，凝聚市民文化认同，让历史建筑街区再次变成"流动剧场"。

三、城市形象价值

随着社会经济和文化的融合，城市的历史和文化日益受到人们关注，文化在都市中的地位日益受到重视和认可。城市历史与现代文化是各个城市在发展中所产生的物质与精神的综合体现。城市的历史和文化资源，是城市精神成就的载体，是凝聚了人类无限智慧的结晶，也是城市特色风貌的有力体现。

很多城市不考虑地域、历史、文化的制约，也不顾忌气候和其他自然因素的制约，盲目借鉴国际大都市的城市规划思想，造成城市之间的同质化。在城市现代化过程中，如何正确维护城市发展与历史文化遗产之间的关系，让一个城市的文化底蕴得以延续，突出其特色，是世界上所有国家历史文化名城所共同面临的问题。

提升沈阳的城市形象价值，需解构沈阳的历史文化内涵，系统梳理和修复沈阳历史文化名城的历史、科学和艺术成就；需整治与规划人文景观环境，着重突出历史和城市意象的内涵和外延，对其进行深度挖掘，寻找沈阳自身文化特色和可辨识的城市意象，并将其历史文脉延续下去，以适应在城市进化过程中的经济变革；需实现城市现代文化与传统历史文化的有机结合，从而扩大历史建筑街区的辐射力，提高沈阳历史建筑街区的知名度和美誉度，将文化渗透到经济社会的各个方面，为沈阳历史建筑街区的经济价值、社会价值、生态价值提供文化支撑和保障。

（一）城市理念

城市价值观、城市发展目标、城市规划、城市文化是城市"大脑"的重要组成部分。文化形象、城市定位、社会经济发展与城市规划相结合的城市观念，沟通和凝聚了城市居民的思想和意识，对城市的行为产生一定的影响，从而增强市民保护历史建筑街区的积极性。城市理念的主要表现形式包括城市性质、发展战略和规划、城市文化、城市精神等。城市属性体现了城市的历史定位与时代需求，是城市概念的基本内涵与起点，在城市发展的每个阶段，都有明确的发展方向和指导思想。城市文化是历史文脉的延续，是市民的生活状态，是城市的灵魂。

（二）城市视觉

一个城市的"外形、面容和气质"是与其他城市区别最直观的体现。城市视觉可以代表一座城市的总体形象，它是城市形象和视觉形象的结合。通过视觉符号要素，可以清楚地表达城市的文化特征，总体上可以从城市标志设计、城市引导设计、城市公共艺术设计、吉祥物设计等方面进行展示。城市视觉意象既是对城市精神内涵的延续，又是地方文化特征的表现，可使外地游客对该城市的印象更加深刻，使本地市民产生更强的归属感。一套完整的城市视觉形象辨识体系主要包括城市标志系统、城市公共标识、公共艺术、公共设施以及交通系统等。

（三）城市行为

城市中人的行为构成了城市行为。通过标语、口号、图案、色彩等具象形式来表现城市的理念和精神，从而形成一个系统的城市形象。城市视觉识别通常建立在城市历史和文化背景之上，基于对城市行为的认识，将城市特性信息直接、快速地传递给公众，为城市形象奠定基础。城市中的历史建筑街区是城市发展、社会活动的结晶，也是影响城市形象、城市行为的直接要素。

四、环境生态价值

如今城市化进程快速，人类欲望无限索取，不堪重负的大自然一次次给城市以沉重的打击，恶劣天气的增多、板块的剧烈运动、温室效应的加剧使得城市危机重重。太湖蓝藻的爆发、哈尔滨水污染等一系列的自然灾害让我们在迅速发展城市经济的同时，提高对环境保护的重视。生态安全是人类发展、社会发展的重要保证，是实现社会、经济可持续发展的先决条件，是用来衡量生态环境状况和发展趋势的重要指标。历史建筑街区的生态环境体现了人类活动对自然、环境的影响，展示了人类管理和改善环境的能力。生态价值不能用经济价值去换算，更不能以发展经济为借口，从而忽略生态环境安全。作为历史文化名城，环境保护在城市生态安全中起到了无可取代的作用。

在"绿水青山就是金山银山"理念的带动下，许多城市开始倡导低碳经济的生活方式，在城市发展过程中体现为改善城市空气质量、预防自然灾害、改善城市生态循环等。许多历史建筑街区的管理者逐步意识到生态环境价值是除文化价值、经济价值之外，又一增加城市形象建设的重要砝码，是提升城市软环境的无形推动力。

（一）节点环境绿化

在几乎没有大范围公共绿地的中街商业街区内，通过以工艺技术为手段、以园林绿化为主题的方法布置绿植景观。绿雕是一种以二维或三维立体结构为基础的，一年或多年生灌木和小型草本为造型的绿植景观，能创造出各种生动的形象，传达丰富的人文讯息，表达街区关于鲜活生命力的主题，契合历史建筑街区的文化背景。

为使绿化要素得以延续，塑造平立相融的绿色空间，可以在墙体上设置生态绿植墙，把各种色彩各异的花卉点缀在墙上的花盆中，形成一种优美的流线型样式。此外要注意在绿植的选择上锁定绿叶植物和迎春花等攀缘藤本植物，突出多层次的绿化体系，色彩方面以淡雅恬静为主，为历史建筑街区塑造宜人的生活环境。

（二）空间环境提升

历史建筑街区保护有别于传统文物建筑，它在城市空间中的生长和发展与城市网络相联系，必须遵循历史建筑街区保护和发展的基本原则。将具有鲜明文化特色的历史建筑街区纳入现代都市生活的架构中，构成一个有机的整体，要严格控制区域内建筑的高度，减少对街道景观走廊的损害，对街道立面和管道设施进行整理，在原有的街道内部和庭院结构中，设计出更舒适和更宜居的环境。在道路系统、道路状况等空间肌理要素的基础上，进行区域交通管制，根据不同的道路特性进行规划，尽量减少汽车对周围环境的损害。

历史建筑街区空间规划应该遵循以人为本的原则，强化街区空间的功能性、感知性与互动性，从而使空间达到形态多样、功能丰富的标准。当历史建筑街区空间与人产生互动时，街区才从安静变得生动，从简单变得复杂。当街区空间环境提升，吸引更多的人进入历史建筑街区时，二者之间的互动与反馈就能形成良性循环，不断促进历史建筑街区的空间发展与环境维护。

（三）生态数据可视

从生态文明的角度来看，历史建筑街区的建设是一个多部门、多系统合作的工作过程。相关部门应积极引进新技术，实现全域生态环境信息的可视化，从而突破各学科间的知识壁垒，使不同领域的专业人士能够进行高效交流。

对于历史建筑街区的管理人员来说，数据的可视化显示了宏观上区域管理的实际状况，协助相关部门发现问题，明确解决问题的方向。对于历史建筑街区的规划人员以及建筑设计人员来说，通过对街区规划、建筑选址、建筑体量设计、绿色策略等的可视化分析，可以对设计方向进行及时调整，并对设计成果进行优化。对历史建筑街区生态环境进行可视化展示，丰富虚拟街区的陈设内容，增强游客的沉浸式体验感，对促进整体旅游经济发展具有重要意义。

第五章　历史建筑街区价值评估与功能导向

第一节　价值评估

一、价值认定

（一）建筑街区历史价值

对于城市而言，历史建筑街区是一本不断更新的教科书，对建立民族文化认同、延续个人和家庭记忆、强化区域文化自信具有十分重要的意义。历史建筑街区的历史价值是其持续发展的最初意义和公共认同的源泉。对其历史价值的评估要注意两个方面：（1）历史建筑街区与历史名人及事件相关程度；（2）历史建筑街区的历史文化底蕴，也就是街区从形成到现在的形态特征、功能定位等。

（二）自然地理环境价值

我国地域广阔，各个城市的建设都依据自然地理环境，有其自身的特点。自然景观形态的演变与历史建筑街区功能业态的发展、文化特色的形成密不可分。挖掘历史建筑街区的自然地理环境价值，应从两个方面入手：（1）由于城市的空间形态与山水、湖泊之间存在着紧密关系，所以应考虑历史建筑街区的地理地形特征；（2）历史建筑街区是否紧邻地区商业口岸或交通要道。

（三）城市空间形态价值

城市的空间形态是影响城市文化脉络发展的关键因素，以设计为基础进行城市空间规划，推动城市文化的发展，具有很高的文化价值。从宏观角度来看，我国城市发展有了新的发展趋势，无论是传统形式还是新兴形式，都在不断打破原有传统文化的功能范畴。城市空间形态发展与旅游、经济等领域紧密相连。从国家文化产业政策的变迁中寻找未来城市文化发展方向，可以看出我国城市文化发展存在着两个主要趋势：（1）以旅游为链接，强调综合体验；（2）文化事业与文化产业齐头并进，利用空间资源创新发展文化产业。从微观角度来看，在沈阳现有文化资源和经济资源的基础上，对其进行空间形态改造，在沈阳实现文化创意转换、创新发展的同时，为沈阳市民精神文化生活和满足多样化消费需求提供了有效途径。

　　城市空间形态发展是城市历史脉络清晰的必然产物，在推进历史文化适应现代文化、适应现代社会等方面具有推陈出新的作用。在《交往与空间》一书中，扬·盖尔对人类的行为活动特点与公共空间的关系、影响与作用进行了仔细研究（见表5-1），归纳出对人类行为和公共空间关系的观察方式，从而为城市公共空间的建设提供更好的服务。① 书中将人类的行为分为三大类，分别是在特定环境下必须进行的活动、在特定时间内必须进行的活动，以及在非特定时间内进行的活动，每一种活动都是在不同环境和条件下进行的。

表5-1　行为活动对历史建筑街区的影响

活动类型	活动特点	例子	对街区的影响
必要性活动	必须发生 不自主表现活动 不受外在环境的限制	上班、上学、购物	较弱
社会性活动	活动人群在公共空间中相互交往参与所做的活动，强调人们的社会交往活动和对空间的感知变化	交谈、下棋、跳舞	强
自发性活动	依赖周边环境 自发产生的行为 自愿参加的活动	散步、跑步、呼吸新鲜空气	较强

---

① 扬·盖尔．交往与空间［M］．何人可，译．北京：中国建筑工业出版社，2002：13-18.

（四）建筑与艺术价值

文物和历史建筑是历史建筑街区中最直接的实物资源，是历史文化和建筑技艺在不同历史时期的具体表现。在城市的发展进程中，历史建筑街区往往具有不同的形态和风格，从而形成了城市景观的审美价值。历史建筑街区中建筑价值表达的不正确性会造成建筑审美特色的断代与地域功能的丧失。《历史文化名城名镇名村街区保护规划编制审批办法》（2015 年）第十四条指出：（一）评估历史文化价值、特点和存在问题；（二）确定保护原则和保护内容；（三）确定保护范围，包括核心保护范围和建设控制地带界线，制定相应的保护控制措施；（四）提出保护范围内建筑物、构筑物和环境要素的分类保护整治要求，对历史建筑进行编号，分别提出保护利用的内容和要求；（五）提出延续继承和弘扬传统文化、保护非物质文化遗产的内容和规划措施；（六）提出改善交通等基础设施、公共服务设施、居住环境的规划方案；（七）提出规划实施保障措施。要建立一个客观、全面的评价体系，不仅要考虑到建筑和场地的重大活动、事件或特殊的历史作用，同时也要注意到建筑在空间布局和形制细节上是否具有典型的时代特色。

（五）建筑与人文价值

历史建筑街区的人文价值是城市文化发展不可缺少的一部分。历史建筑街区的人文价值与其所处的自然环境和时代环境密切相关。城市历史建筑街区的衰落主要是由街区业态、功能和现代生活方式的不同造成的，历史建筑街区的复兴，既要恢复物质环境，又要注入人文精神。

二、价值评估

（一）评估原则

1. 原真性。在对传统街道进行评估时，必须坚持"真实性"原则，根据历史建筑街区的资源优势和现状特征，对其进行客观评价，避免盲目、随意评价。

2. 参与性。评估对象范围广、数量多，不同主体对历史建筑街区的认识程度也各有差异。在评估过程中，必须遵循公众参与原则，使管理人员、相关专业人员、当地居民、旅游者等多方主体共同参与，减少对历史建筑街区价值评估的主观性。

3. 可行性。对历史建筑街区进行评价时，要采取科学、合理的评价方式。要根据现有的理论和研究成果，选用具有较强适用性的评估方法。评估的结论要与历史建筑街区传统街巷的现状相适应，提出的保护与发展策略要切合现实有远见。

（二）评估内容

按照不同类型的历史建筑街区保护要素分为有形保护和无形保护两大类。历史建筑、街巷、空间格局、周边环境等都是物质形态的有形保护；非物质文化形态属于无形保护内容，主要是指传统风俗、语言、手工艺、名人轶事、饮食习俗、地方戏曲、舞蹈等。历史建筑街区是城市发展的基本元素，是城市发展的核心内容，也是城市发展的重要内容。以历史建筑街区的建筑类型为例，街区内建筑种类繁多，大体可分为下列类型：

1. 保护建筑：历史、艺术、科学价值较高，在城市规划中必须依照文物保护单位的规定予以保护的建筑物。

2. 历史建筑：对于历史建筑，应遵循"尽可能地保护，尽可能地限制"的原则，《历史文化名城名镇名村保护条例》对历史建筑进行了界定，"历史建筑"是指由市、县人民政府确定公布的具有一定保护价值，能够反映历史风貌和地域特色，未公布为文物保护单位，也未登记为不可移动文物的建筑物、构筑物。历史建筑的风格与价值处于文保单位与一般传统住宅之间，应当对历史建筑进行注册，并按相关保护标准进行保护。

3. 传统民居：指具有一定历史和文化特征的建筑，但不包括对建筑物和历史建筑的保护。就整体的历史建筑街区而言，它的个体艺术价值和文化价值并不明显，整个历史建筑街区的"城市肌理"恰恰是传统住宅与其他历史建筑的完美结合。

4. 近现代建筑：随着时间的推移，作为传统文化遗产的近代建筑，越来越被大家关注，在尊重历史、重视文化遗产的同时，要加强对近现代建筑的保护与利用。

5. 重要历史建筑物：古代城墙、古栈道、古道等具有历史意义的重要建筑物。这些建筑物既是重要的历史资源和文化遗产，又是历史建筑街区重要的组成部分，其中蕴含着丰富的历史知识和文化知识，必须加以保护。

从街巷保护层面上看，历史建筑街区由于历史功能、自然环境、民族习俗等因素的影响，呈现出不同的街巷内涵。街巷的基本形式包括街巷、弄、里、坊及其他的公共空间，是人们居住、生活、社交、商业、休闲观赏的重要公共活动场所，是影响历史建筑街区传统形态的主要因素。街巷的空间规模、居民的生活方式、建筑的空间层次、街巷的铺设、绿化环境以及依附其上的环境因素，都是需要加以保护的对象。

从空间肌理保护层面上看，历史建筑街区的空间形态是城市整体布局的一种表现形式，体现了城市的肌理与风格。一方面，空间格局反映了不同的自然条件和地理环境，如地形、气候、水源等因素对城市形态规划的影响；另一方面，空间格局反映了经济和文化的历史形式。在历史建筑街区空间布局的保护中，要结合历史建筑街区和周围的历史区域，利用历史建筑街区整体结构与区位功能、重要历史景观节点等，保留城市的空间布局特色。

从非物质形态评估内容层面上看，非物质文化遗产指的是各种实践、表演、知识与技能、工具、实物、工艺品和文化场所等，这些都是由不同的团体、群体或个人负责的文化遗产。不同的群体随着生存环境与自然界的互动、历史环境的变迁，持续地使这些世代传承下来的非物质文化遗产得以更新，并从中不断获取认同感和历史感，进而推动文化的多元化创新。

保护历史文化不是空话，要做到更精准，只有在总体保护计划中包含特定的文化保护项目和规则，才能体现出对非物质文化保护的分量和可实施性，使对历史建筑街区的保护不会成为一种虚伪的表象。在保护历史建筑街区的同时，也应对非物质文化进行研究统计，通过对历史建筑街区的规划、历史内容的运用、周围环境的改造，为非物质文化遗产的继承与发展创造适宜的环境与条件。

（三）评估体系构建

目前对我国历史建筑街区评估体系的研究主要分为：（1）法定评价体系——对我国现行的法律评估制度进行梳理，总结评估的准则及主要内容；（2）学术文献指标体系——浏览对历史建筑街区、历史地段、历史名城、历史文化名镇名村、传统村落等进行综合评价的相关文献。根据本研究的需求，选取有参考价值的文献，对其进行整理和比较。

从评价目标的层面上看，目前法定评估指标主要适用于评级与筛选。以最佳评估准则为导向的评估指标具有较高的评估水平，其选择的基准因素也多是指向历史价值和文化价值，如文物、古建筑、古街和非物质文化遗产等。当前法定的评估指标只注重文化载体空间层面与历史层面的价值，而忽略了被评估对象本身的价值。

回顾已有指标体系，可以看出大多是参照有关的法律指标，指标内容上都指向了历史和文化的价值，指标体系中出现大量"空间形态""地域文化""街巷景观""历史资源"等重要因素，其作用是对历史空间形式真实性和完整性的评价。随着城市化快速发展，历史建筑街区的某些特色与价值已经被盲目的开发所摧毁，在此背景下评估的标准应当具有多个方面。已有的一些历史和文化价值指标，与景观、居住、基础设施等相关的部分相对较少，建议制定更具实用性的评估标准。

第二节　功能导向

一、功能导向载体

以沈阳市中街历史建筑街区为例，基于环境心理学理论和使用者的需求，分析中街历史建筑街区满足的主要功能，在此基础上反映出中街历史建筑街区空间的使用价值和功能导向。

（一）满足行为需求的使用功能

沈阳中街地理位置优越，位于城市核心地带，便利的交通使中街可达性较强，作为城市空间中的一部分，可以满足人们在城市中的日常需求。中街两侧的历史建筑具有商业功能，街区整体空间的布局满足了人们日常休闲购物的需求，同时街区内景观环境和基础设施给人们提供了便利和良好的空间感受。

（二）提供交往空间的活动功能

首先，中街的街区特色和文化特点使其成为人们乐于前往的城市空间。作为敞开的城市空间，使用者可以根据自身的需求在空间内进行活动。其次，中街有部分区域没有得到充分利用，在后续的更新改造保护中可以将设计的重点放在这些区域，其性质由建筑功能决定，以便为街区内人群提供多种活动空间。

二、生活居住导向

生活居住导向型历史建筑街区通常坐落在市区的中央，具有完善的社会组织架构，对此类街区进行更新与适当的发展，可以营造出充满生机的街区生活情境。如英国格拉斯哥城是一个具有代表性的工商业城市，两次世界大战使得城市经济、活力持续衰落，直到 20 世纪 70 年代，该地区出现了大量空置的地产，地产行业发展急速衰退。在当地政府考察了商改住方案的可行性后，相关部门决定尝试开启居住导向的历史建筑街区更新计划。政府采取了由地方委员会、公共部门及发展商联合出资，以"先试行，再推行"的方式，成功打造了生活导向型历史建筑街区。

三、工业商业导向

工商业导向型历史建筑街区注重加强基础设施建设，助力经济高质量发展。以爱尔兰都柏林港区为例，20 世纪 90 年代，都柏林港口引进大量的全球技术和金融公司，建立欧洲总部，实行低税率政策，成功拉动了区域经济增长。都柏林港口发展局制订了一项发展计划和城市设计指南：通过新建滨水高层、多层建筑和厂房改造，进一步吸引更多的公司入驻，推动区域向国际化滨海高端活力区转变。

四、旅游文化导向

旅游文化导向型历史建筑街区注重传统氛围与文化特色。如成都市宽窄巷子历史建筑街区的改造更新旨在增强街区内的文化活力，在核心保护区内进行改造建设，制定了"40%保留原状、60%存表去里"的总体规划，确定了三个具有特征的胡同形象："宽巷子"是老成都休闲生活的标志，"窄巷子"则是成都慢生活的象征，"井巷子"象征成都新生活，最终成功开发了宽窄巷子旅游与商业模块。

五、场景赋能导向

场景赋能导向型历史建筑街区着重城市多样性、城市慢行系统、昼夜节律的错位发展模式。如荷兰阿姆斯特丹泽伊达斯商务区在区域功能分散、单一的情况下，打造集国际贸易、公共设施和现代化居住于一体的重点功能区，规定了每个街区住宅占比的最低阈值，实现了城市的多元化发展。

下 篇 03

新时代沈阳历史建筑街区更新

第六章 沈阳历史建筑街区沿革演变 与区位特征

第一节 沿革演变

一、沈阳历史建筑街区历史沿革

(一) 新中国成立前：规划初始，布局探索

该时期以商埠历史街区、皇城历史街区为代表，历史建筑街区中形成若干规模不一的市场，棚户区乱搭乱建问题积累严重，交通路网支线模糊，消防安全隐患高。工业厂房多由国外投资建设，建筑样式带有浓厚的外国文化特色，从1913年起，日本侵略者在南满铁路西侧相继建设制陶、药业、木材等企业。至1931年九一八事变前，日资在铁西建厂28个，成为铁西工业区的主要建筑遗存。

(二) 新中国成立初：工业兴盛，街区雏形

在经济快速复兴的前提条件下，沈阳肩负重工业基地的重担，在铁西区集中建设大量工业厂区厂房。厂区的形成快速拉动周边住宅拔地而起，"工作—宿舍"的组合形式成为铁西历史建筑街区主要发展模式，政府对周围混杂的街区做出相应整改，统一规划街区内商铺经营模式，街区雏形显现，整体发展态势良好。

(三) 改革开放后：科学规划，高标建设

20世纪80年代，国外先进的城市规划经验慢慢在沈阳生根发芽，沈阳作为东三省经济发展的核心城市，在工业城市向文化城市转型的过程中，对

于历史建筑街区文化层面定位不够清晰，对城市文脉重视程度不够。部分街区在侧重经济发展时，隔断了与街区内历史文化的联系，导致街区历史风貌受到人为损坏，街区水平层次停滞不前，小规模市场的兴盛在一定程度上扰乱了街区环境。

进入21世纪，沈阳市借助雄厚的经济基础和国家政策的扶持，进入经济与文化齐头并进的新模式。积极探索街区自身资源的保护与再开发，深入挖掘历史建筑背后的故事，使历史建筑自身的文化属性成为城市亮丽的风景线，增强了沈阳故宫、名人故居、工业博物馆等历史建筑的文化属性，使文化内容饱满、民族符号丰富的历史建筑街区升级为特色街区。确保街区定位愈加明晰，更具有商业开发潜力，让城市文脉得以传承。"兴沈英才计划"为沈阳不断注入"新鲜血液"，高层次人才向往文化氛围浓郁、公共空间清新自然的工作和居住环境，这些特点也起到了推动街区结构优化、功能完善和品质提升以及建设宜居、绿色、韧性、智慧、人文街区的作用。

沈阳历史建筑街区的发展状态应以"稳固人文—扶持经济—文旅融合—文化再现—经济附加增益—改善生活环境"为主线，以人民为出发点，推动"人—街区经济—街区文化"三者不断磨合巩固。

二、沈阳历史建筑街区功能演变

（一）人居—商业—商住两用

以沈阳本地居民居住生活为主的历史建筑占沈阳历史建筑街区的主体。沈阳历史建筑街区具有文化资源分布密集、街区功能完善和路网密集便捷的特点。多数住宅逐渐向商业化建筑演变，如旅馆、商铺、酒吧等，部分居住型建筑保留居住功能，加入商业功能，向商住两用的建筑类型转变。

（二）商铺—商圈—商业街

沈阳商业建筑业态丰富，商铺多位于繁荣发达地段，人口流动性高且交通便捷。中华老字号逐渐在街区内稳固自身位置，不断吸引新兴商铺加入，形成了商铺—商圈—商业街的发展模式，持续集聚更有活力的商铺及品牌入驻，形成街区经济层面的高效益循环。

（三）其他—商业

沈阳部分工业遗存因时代的发展很难以单调的自身元素持续运营发展。

对此应以经济发展为主要目标，将工业遗存、地标性建筑等历史文化元素丰富的物质形态通过升级改造向商业综合体项目方向发展。

（四）其他—原真性保护

部分历史建筑如沈阳故宫中的文溯阁不对外开放，不进行商业性活动与项目开发，对其进行原真性保护。

第二节 区位特征

一、交通通达性高——中山路历史建筑街区沿线

沈阳市中山路历史建筑街区交通条件优越：地处城市交通枢纽和商业中心，经统计共有地下停车场 12 个、地面停车场 79 个、路边停车场 31 个、自行车库 1 个（见图 6-1）。街区附近公交站 16 处，街区附近公交线路 26 条，沈阳地铁一号线途经中山路沿线的沈阳站、太原街、南市场，公共交通系统状况较为完善，交通道路状况较通畅，静态交通配套良好。整体街道走向为东北—西南方向，以中山广场为中心向西北—东南方向开辟交通路线，放射性路网布局为交通行驶提供更多选择方向。以奉天旅馆旧址所在地为例，建筑位于十字路口一侧、三条马路交会处，交通便捷高效。街区道路交会口所

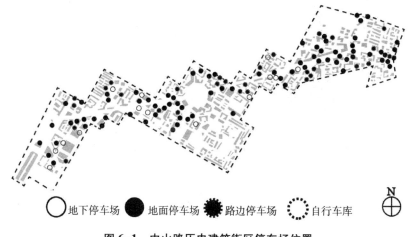

○ 地下停车场 ● 地面停车场 ✳ 路边停车场 ○ 自行车库

图 6-1 中山路历史建筑街区停车场位置

形成的节点在2021年6月底打造的口袋公园项目中为通达的交通进行了有效
装饰，为附近居民及行人提供休憩场所（见图6-2）。

图6-2　中山路迎宾馆附近"口袋公园"景观现状

二、历史风貌完整——盛京皇城历史建筑街区沿线

2019年8月，在文商旅一体化政策扶持的背景下，沈阳市人民政府新闻
办公室召开发布会，会上提出：将盛京皇城打造成"历史风貌特色集中展示
区、多元文化遗产保护与利用示范地、以文化旅游和特色商业为动力的高品
位街区"①。皇城成形于明，兴盛于清，跨越明、清、近代民国、新中国成立
初期等多个时期，城内现存沈阳故宫、张学良旧居、东三省总督府等各级文
物及历史风貌建筑共42处。盛京皇城受历史文化、地理位置及自然气候影
响成为东北地区历史遗存最完整，历史、文化、经济、人文、科学价值较高
的街区之一。盛京皇城承载着沈阳这座历史文化名城最密集的文化资源，是
沈阳历史建筑街区风貌再现与传承的典范。

清盛京皇城采用了内城与外城两套城墙制式，外城即郭城以内区域为
"盛京都城"，内城即城墙以内区为"盛京皇城"。盛京皇城由东、西、南、
北四条顺城街路围合而成，总占地面积约166公顷。皇城格局分布规整，由
"井字形"将城区分为9个片区，其中包含历史街巷67条，老字号和非物质
文化遗产49项。街巷内建筑多受汉文化、儒家文化及多民族文化的影响呈

① 沈阳盛京皇城改造升级 激活文商旅实现一体化发展［EB/OL］. 中国新闻网，2019-
08-21.

现多元文化特点。路网规整密集，按照不同片区形成不同的路网风格，街区内历史建筑也根据皇城规划为符合王府大臣府邸建制，府邸建筑分散于宫殿建筑左右两侧。《沈阳总体城市设计》将"一核九心"作为沈阳城市规划未来发展方向（见图6-3），"一核"指以盛京皇城为中心的城市文化核，其代表了沈阳的城市历史文化"底色"，更是城市能级向前迈进的"原动力"。

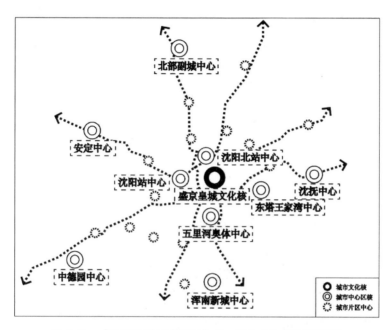

图6-3　《沈阳总体城市设计》"一核九心"规划示意图

　　2021年12月21日，沈阳市城乡建设局从城市更新的角度对沈阳历史风貌的保护提出新的要求和规范，提出契合沈阳城市更新的办法，将盛京皇城的风貌特征和高度定位与整体城市做匹配。重点将历史风貌建筑、历史文化胡同、传统民居、王府遗址进行统一改造，盛京风情也将通过沉浸式手段的介入改造，在皇城历史建筑街区中焕发新的活力。

第七章 沈阳历史建筑街区发展现状 与存在问题

第一节 沈阳历史建筑发展现状

一、中山路沿线历史建筑

沈阳市中山路沿线历史建筑街区是连接沈阳近代"满铁"附属地与盛京老城的重要文化纽带，承载着丰富的历史遗存与文化景观。2021 年 11 月 18 日，沈阳市自然资源局编制了《沈阳市"十四五"历史文化资源保护与利用规划》（以下简称《"十四五"规划》），确定了"十四五"期间沈阳市历史文化资源保护与利用规划目标及 2035 年远景目标。沈阳中山路沿线历史建筑街区经济活动具有明显优势，街区西部紧邻经济活动发达的沈阳站与太原街地区，街区东部与城市金廊①带相邻，地理位置优越（见图 7-1）。街区内的历史建筑颇具欧洲风情，历史建筑数量丰富且建筑风格较为一致，是沈阳历史建筑街区的典型代表。

（一）奉天旅馆旧址

奉天旅馆旧址（1926 年）——沈阳市第一批历史建筑②，属于二类历史

---

① 金廊，即"中央都市走廊"。金廊沿线特指沈阳纵向中轴线的道义南大街—黄河北大街—北陵大街—青年北大街（原北京街）—青年大街—青年南大街（原浑河大街），全长约 25.3 千米，纵贯沈阳沈北新区、于洪区、皇姑区、和平区、沈河区、浑南区六大辖区。

② 《沈阳市第一批历史建筑名录》（2013 年）由沈阳市人民政府公布。

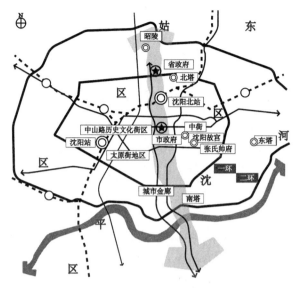

图 7-1 中山路历史建筑街区区位示意图

建筑①,位于沈阳市和平区八经街道宝环社区中山路 163 号,颇具欧洲古典建筑风格,建筑采用砖混结构,对研究中山路沿线历史建筑街区具有重要的科学价值与文化价值(见表 7-1)。②

表 7-1　奉天旅馆旧址价值要素概况

价值要素分类	要素
核心价值要素	中山路立面划分比例与尺度及门窗开口方式
	主入口两侧壁柱顶部形式
	立面檐口顶部装饰线脚
	中山路沿街立面二、三层墙身几何装饰

———————————

① 一类建筑指具有重大影响的国家、区域性或者历史文化地标建筑,如国家最高领导人会议场所和国家级以上重要文物保护建筑;二类建筑指具有一定历史资源价值和文化价值的建筑,如省级以上博物馆、剧院、文化教育中心、宗教建筑和历史建筑群;三类建筑指具有市级以上的文化、科技、体育、旅游、展览、会议等功能的建筑;四类建筑指具有一定历史文化价值的建筑,包括乡村民居、古代建筑、院落、集镇建筑群等。

② 根据沈阳市第一批至第六批历史建筑保护名录对历史建筑保护价值要素的定义,将历史建筑现存的价值要素根据重要程度分为核心价值要素和一般价值要素(后文统称为历史建筑价值要素概括表)。

价值要素分类	要素
核心价值要素	柳州路立面划分比例与尺度及门窗开口方式
	一层墙身线脚形式及顶部装饰
	中山路沿街立面窗洞口形式
	建筑立面窗洞口形式
	立面壁柱顶部装饰图案
	立面转角墙身几何线脚
	墙身几何装饰图案
	北六马路立面划分比例及门窗开口方式
	北六马路立面壁柱形式
	立面顶部檐口装饰图案
	单向坡屋顶形式
	窗洞口形式
	建筑转角檐口形式及单向坡屋顶形式
	院落内部立面划分比例及门窗洞口样式
	院落内部建筑立面顶部檐口形式
	院落内部建筑立面门窗洞口形式
	建筑内部楼梯形式
	建筑内部楼梯扶手形式
一般价值要素	建筑一层外部石材楼梯
	建筑内部结构形式
	建筑内部门框形式

（二）一力旅馆旧址

一力旅馆旧址（1922年）——沈阳市第一批历史建筑，属于二类历史建筑，位于沈阳市和平区中山路6号，与历史建筑悦来客栈旧址对角相望，中山路沿街一侧紧靠九州馆旧址，与岩间商会旧址、木村洋行旧址、中山路28号建筑同侧，处在商业、商务往来的密集区域。作为沈阳早期商业建筑，对研究中山路沿线历史建筑街区具有重要的科学价值与文化价值（见表7-2）。

表7-2　一力旅馆旧址价值要素概况

价值要素分类	要素
核心价值要素	沿街立面二层窗洞口开窗尺度及墙面装饰
一般价值要素	门窗开口方式
	顶部女儿墙①造型
	立面壁柱装饰
	沿街立面三层窗洞口开窗尺度及屋檐形式
	屋顶顶部烟囱样式

（三）木村洋行旧址

木村洋行旧址（1922年）——沈阳市第一批历史建筑，属于二类历史建筑，位于沈阳市和平区中山路20号，处于中山路16号历史建筑与弘文堂旧址之间，背靠昆明北街43号建筑。作为沈阳早期商业建筑，对研究中山路沿线历史建筑街区具有重要的科学价值与文化价值（见表7-3）。

表7-3　木村洋行旧址价值要素概况

价值要素分类	要素
核心价值要素	中山路立面划分比例与尺度及门窗开口方式
	二层竖向窗洞口开窗形式
	建筑立面壁柱及横向脚线
	中山路沿街立面檐口装饰
	建筑物立面壁柱顶部样式

（四）大国旅馆旧址

大国旅馆旧址（1922年）——沈阳市第一批历史建筑，属于二类历史建筑，位于沈阳市和平区中山路36号，处于中山路34号历史建筑与中山路38号历史建筑之间，平行于七星百货旧址。周边其他历史建筑分别有中山路28号建筑、中山路32号建筑、奉天信托会社旧址、协田商店旧址。作为沈阳早期商业建筑，对研究中山路沿线历史建筑街区具有重要的科学价值与文化价值（见表7-4）。

---

① 女儿墙（又名孙女墙、压檐墙）是建筑物屋顶周围的矮墙，主要作用除维护安全外，还会在底处施作防水压砖收头，以避免防水层渗水或是屋顶雨水漫流。依国家建筑规范规定，上人的女儿墙高度一般不得低于1.1米，最高不得超过1.5米。

表7-4 大国旅馆旧址价值要素概况

价值要素分类	要素
核心价值要素	中山路立面划分比例与尺度及门窗开口方式
	建筑坡屋顶形式
	建筑檐口形式
	建筑二层竖向窗洞口形式
	建筑物立面壁柱顶部样式
	建筑转角处壁柱及线脚形式
	建筑壁柱顶部样式
一般价值要素	建筑底部线脚样式

（五）中山路133号建筑

中山路133号建筑（1925年）——沈阳市第一批历史建筑，属于二类历史建筑，位于沈阳市和平区中山路133号，处于中山路131号历史建筑与中山路135号历史建筑之间，与中山路137号历史建筑、苏州街66号历史建筑、苏州街36号历史建筑形成等腰三角形，与中山路124号历史建筑、128号历史建筑和136号历史建筑平行，空间划分错落有致。周边除商业来往密集外还涉及医疗、居住与教学活动，人口流量较稳定。作为沈阳早期商业建筑，对研究中山路沿线历史建筑街区具有重要的科学价值与文化价值（见表7-5）。

表7-5 中山路133号建筑价值要素概况

价值要素分类	要素
核心价值要素	中山路沿街立面划分比例与尺度
	中山路沿街立面建筑屋顶檐口装饰
	中山路沿街立面檐口顶部装饰构件
	中山路沿街立面外部铁艺镂空窗台
	建筑二层与三层窗洞口形式及立面片断形式
	三层楼板木结构
	楼梯栏杆及扶手构件
	室内木质楼梯
	木质门及窗

（六）中山路 128 号建筑

中山路 128 号建筑（1926 年）——沈阳市第一批历史建筑，属于二类历史建筑，位于沈阳市和平区中山路 128 号，处于中山路 124 号历史建筑与中山路 136 号历史建筑之间，与桂林街 69 号历史建筑形成三角形建筑空间，现为餐厅。作为沈阳早期商业建筑，对研究中山路沿线历史建筑街区具有重要的科学价值与文化价值（见表 7-6）。

表 7-6　中山路 128 号建筑价值要素概况

价值要素分类	要素
核心价值要素	建筑双向坡屋顶形式
一般价值要素	中山路立面划分比例与尺度及门窗开口方式
	中山路沿街立面檐口雕花装饰
	沿街外立面墙身线脚形式
	檐口顶部装饰构件
	建筑壁柱柱头形式
	建筑山墙形式
	建筑山墙装饰构件

（七）中山路 137 号建筑

中山路 137 号建筑（1926 年）——沈阳市第一批历史建筑，属于二类历史建筑，位于沈阳市和平区中山路 137 号，中山路与苏州街的交会处，背靠北五马路，所在区域融商业、居住、教育、医疗为一体。作为沈阳早期商业建筑，对研究中山路沿线历史建筑街区具有重要的科学价值与文化价值（见表 7-7）。

表 7-7　中山路 137 号建筑价值要素概况

价值要素分类	要素
核心价值要素	中山路沿街立面底层基座线脚
	中山路沿街立面一层窗口形式
	中山路沿街立面门口形式
	沿街外立面壁柱形式
	檐口顶部装饰构件

价值要素分类	要素
核心价值要素	二层窗口形式
	中山路沿街立面檐口细部线脚
	中山路沿街立面檐口顶部装饰构件
	苏州街沿街立面檐口细部线脚
	苏州街沿街二层窗口顶部米色线脚
	肋骨拱①绿色穹顶
	山脚顶部线脚样式
	建筑坡屋顶形式
一般价值要素	建筑外挂水泥楼梯
	建筑内部标语

（八）中山路 131 号建筑

中山路 131 号建筑（1927 年）——沈阳市第一批历史建筑，属于二类历史建筑，位于沈阳市和平区中山路 131 号，地处中山路、北五马路、桂林街三岔路口交会处，临近亚贸大厦。作为沈阳早期商业建筑，对研究中山路沿线历史建筑街区具有重要的科学价值与文化价值（见表 7-8）。

表 7-8　中山路 131 号建筑价值要素概况

价值要素分类	要素
核心价值要素	中山路立面划分比例与尺度及窗洞口形式
	北五马路立面划分比例与尺度及窗洞口形式
	建筑屋顶样式
	北五马路沿街建筑外墙壁柱形式
	建筑二层与三层窗洞口形式及立面片断形式
	中山路沿街立面二层窗户上部墙身线脚形式
	中山路沿街立面二层窗口下部墙身图案

---

① 肋骨拱（ribbed vault）是《建筑学名词》第二版（2014）公布的建筑学名词。定义是由券形对角线肋支撑或装饰的一种拱顶。

续表

价值要素分类	要素
核心价值要素	中山路沿街外立面转角壁柱及线脚形式
	中山路沿街立面檐口细部线脚形式
	中山路沿街立面转角处檐口顶部装饰构件
	建筑屋顶构件
	北五马路沿街墙身线脚形式
	建筑墙身壁柱内图案样式
一般价值要素	建筑内部院落

（九）中山路28号建筑

中山路28号建筑（1922年）——沈阳市第一批历史建筑，属于二类历史建筑，位于沈阳市和平区中山路28号，在民族北街与中山路交会处，中山路沿街紧邻中山路32号历史建筑，民族北街沿街与牛乳站旧址斜向相望，现用于医疗器械售卖。作为沈阳早期商业建筑，对研究中山路沿线历史建筑街区具有重要的科学价值与文化价值（见表7-9）。

表7-9　中山路28号建筑价值要素概况

价值要素分类	要素
核心价值要素	民族北街沿街立面二层檐口形式
	民族北街沿街立面二层窗洞口形式及尺度
	民族北街沿街二层建筑山墙檐口形式
	建筑转角处檐口上方女儿墙形式
	转角处壁柱及底层线脚形式
	转角处立面二层窗洞口开窗尺度
	立面二层窗洞口开窗尺度及上沿造型
	中山路沿街立面屋顶山花

（十）北五马路25号建筑

北五马路25号建筑（1923年）——沈阳市第一批历史建筑，属于二类历史建筑，位于沈阳市和平区北五马路25号，在广州街与北五马路交会处，西南侧紧靠广州街81号历史建筑，东南侧紧靠北五马路31号历史建筑，与广州街 79 号建筑、中山路 122 号建筑形成三角形区域，目前一层作为商店使用。作为沈阳早期商业建筑，对研究中山路沿线历史建筑街区具有重要的科学价值与文化价值（见表 7-10）。

表 7-10　北五马路 25 号建筑价值要素概况

价值要素分类	要素
核心价值要素	中山路沿街立面比例与尺度
	中山路沿街立面建筑屋顶檐口形式
	中山路沿街立面檐口顶部装饰构件
	建筑转角处檐口顶部形式
	中山路沿街立面外部铁艺镂空窗台
	建筑二层与三层窗洞口形式及立面片断形式
	桂林街沿街立面一层窗洞口形式
	三层转角处与桂林街立面底层线脚形式
	三层转角处立面一层门形式
	桂林街沿街一层建筑山墙檐口形式
	三层转角处立面壁柱雕刻图案
	三层转角处立面一层门窗上沿雕刻图案形式
	三层转角处立面三层窗洞口及上下沿造型形式
	三层转角处檐口装饰形式
	中山路沿街建筑檐口装饰
	东侧山墙檐口形式
	中山路沿街立面二层窗洞口及上沿造型形式
一般价值要素	建筑内部楼梯
	屋顶木结构

（十一）北五马路 31 号建筑

北五马路 31 号建筑（1923 年）——沈阳市第一批历史建筑，属于二类历史建筑，位于沈阳市和平区北五马路 31 号，周边商铺种类繁多，建筑一层现用于门市房。作为沈阳早期商业建筑，对研究中山路沿线历史建筑街区具有重要的科学价值与文化价值（见表 7-11）。

表 7-11　北五马路 31 号建筑价值要素概况

价值要素分类	要素
核心价值要素	北五马路沿街立面比例与尺度
	建筑屋顶形式
	北五马路建筑沿街立面片段及壁柱
	建筑二层立面窗洞口开窗形式
	建筑山墙窗洞口形式及下部花纹图案
	二层建筑立面窗洞口及下部花纹图案
	建筑入口雨棚形式
	北五马路沿街立面檐口外部花纹样式
	北五马路建筑二层窗口形式
	建筑壁柱底部柱础
	建筑转角立面顶部样式
	建筑一层窗洞口形式
	建筑立面壁柱顶部花纹样式

（十二）广州街 81 号建筑

广州街 81 号建筑（1923 年）——沈阳市第一批历史建筑，属于二类历史建筑，位于沈阳市和平区广州街 81 号，周边餐饮业健全，建筑一层现用于图书销售。作为沈阳早期商业建筑，对研究中山路沿线历史建筑街区具有重要的科学价值与文化价值（见表 7-12）。

表 7-12　广州街 81 号建筑价值要素概况

价值要素分类	要素
核心价值要素	广州街山墙檐口形式
	广州街沿街屋顶檐口装饰
	檐口下方菱形造型
	广州街沿街立面二层窗洞口开窗尺度
	广州街沿街立面二层窗洞口下方造型
	广州街沿街立面一层入口上方造型
	广州街沿街立面墙面装饰
	一层窗洞口开窗尺度与窗台形式
	墙身线脚形式

（十三）中山路 152 号建筑

中山路 152 号建筑（1925 年）——沈阳市第一批历史建筑，属于二类历史建筑，位于沈阳市和平区中山路 152 号，在中山路、北六马路、柳州街三叉交会地，苏州街 14 号建筑群夹角处，与奉天旅馆旧址对角而立，建筑一层为商铺。作为沈阳早期商业建筑，对研究中山路沿线历史建筑街区具有重要的科学价值与文化价值（见表 7-13）。

表 7-13　中山路 152 号建筑价值要素概况

价值要素分类	要素
核心价值要素	顶楼女儿墙造型
	沿街立面窗洞口开窗尺度与形式
	窗洞口下方窗台造型样式
	单元门出入口形式与尺度
	墙身底部线脚形式

（十四）中山路 124 号建筑

中山路 124 号建筑（1926 年）——沈阳市第一批历史建筑，属于二类历史建筑，位于沈阳市和平区中山路 124 号，在桂林街、中山路、北五马路三叉交会之地，目前为商铺。作为沈阳早期商业建筑，对研究中山路沿线历史建筑街区具有重要的科学价值与文化价值（见表 7-14）。

表 7-14　中山路 124 号建筑价值要素概况

价值要素分类	要素
核心价值要素	桂林街沿街立面三层檐口及线脚形式
	桂林街沿街立面二层窗口尺度与形式
	桂林街沿街立面一层窗洞口上沿造型
	桂林街沿街立面一层单元门上沿造型
	立面一层窗洞口形式
	立面底层线脚形式
	转角处立面一层门形式
	桂林街沿街一层建筑山墙檐口图案
	三层转角处立面壁柱雕刻形式

续表

价值要素分类	要素
核心价值要素	三层转角处一层门窗上沿雕刻图案形式
	转角处立面三层窗洞口及上下沿造型形式
	三层转角处檐口装饰形式
	中山路沿街建筑檐口装饰
	东侧山墙檐口形式
	中山路立面二层窗洞口及上沿造型形式
	中山路沿街立面一层门窗形式
	一楼屋顶木结构形式
	三楼屋顶木结构形式
	室内木构楼梯

（十五）中山路 136 号建筑

中山路 136 号建筑（1926 年）——沈阳市第一批历史建筑，属于二类历史建筑，位于沈阳市和平区中山路 136 号，坐落于苏州街、中山路、伊宁路三岔路口，周边涉及居住楼宇，商铺类型较齐全。作为沈阳早期商业建筑，对研究中山路沿线历史建筑街区具有重要的科学价值与文化价值（见表 7-15）。

表 7-15 中山路 136 号建筑价值要素概况

价值要素分类	要素
核心价值要素	立面壁柱划分形式
	塔楼檐口线脚
	中山路沿街立面檐口顶部装饰构件
	中山路沿街立面檐口线脚
	一层窗口形式
	二层窗口形式
	塔楼窗口形式
	塔楼基层勒脚
	塔楼屋顶及女儿墙形式
	建筑主体四坡屋顶
	立面壁柱划分形式

续表

价值要素分类	要素
核心价值要素	二层窗口形式及窗沿上方雕花
	侧立面檐口形式
	檐口顶部凸起构件
	转角塔楼建筑形态
	层间立面凸起雕花
	一层窗口形式
一般价值要素	建筑内部装饰风格
	建筑内部楼梯

（十六）苏州街 66 号建筑

苏州街 66 号建筑（1937 年）——沈阳市第一批历史建筑，属于二类历史建筑，位于沈阳市和平区苏州街 66 号，在苏州街、北五马路交会路口，东北方向紧邻苏州街 36 号历史建筑。作为沈阳早期商业建筑，对研究中山路沿线历史建筑街区具有重要的科学价值与文化价值（见表 7-16）。

表 7-16　苏州街 66 号建筑价值要素概况

价值要素分类	要素
核心价值要素	北五马路沿街立面形式
	建筑屋顶女儿墙檐口线脚形式
	北五马路沿街立面二层外部铁艺栏杆窗台
	建筑立面入口壁柱装饰图案
	立面入口柱头样式
	苏州街及北五马路交叉口立面二层阳台
	苏州街及北五马路交叉口立面檐口装饰
	建筑立面底部材质与形式
	交叉口立面主入口

价值要素分类	要素
核心价值要素	建筑立面二层几何图案
	苏州街沿街建筑立面
	建筑二层墙身几何图案
	建筑立面檐口装饰
	屋顶女儿墙檐口线脚形式
	二层外部铁艺栏杆窗台
	建筑立面窗洞口尺度
	建筑屋顶女儿墙檐口线脚形式
	建筑立面壁柱与檐口交接处
	建筑立面二层几何装饰图案
	建筑屋顶形式
一般价值要素	建筑屋顶结构形式

（十七）中共奉天市委旧址

中共奉天市委旧址（1924 年）——沈阳市第一批历史建筑，辽宁省级不可移动革命文物（2021 年），原为奉天老精华眼镜公司，1927 年第一届中共奉天市委在此设立。属于一类历史建筑，位于沈阳市和平区中山路 56 号，该建筑立面、结构体系及空间平面具有极高的科学价值，作为沈阳早期商业建筑，对研究中山路沿线历史建筑街区具有重要的科学价值与文化价值，对沈阳更好地传承党史、传承红色基因、发展红色文化旅游具有深远意义（见表 7-17）。

表 7-17　中共奉天市委旧址价值要素概况

价值要素分类	要素
核心价值要素	建筑立面装饰线条样式
	檐口处理样式
	二层立面窗洞口样式
	屋顶檐口及线脚形式

（十八）苏州街36号建筑

苏州街36号建筑（20世纪20年代）——沈阳市第四批历史建筑，属于三类历史建筑，位于沈阳市和平区苏州街36号、38号，在苏州街66号建筑群与中山路137号建筑之间，东北方向紧邻苏州街66号历史建筑。作为沈阳早期商业建筑，对研究中山路沿线历史建筑街区具有重要的科学价值与文化价值（见表7-18）。

表7-18　苏州街36号建筑价值要素概况

价值要素分类	要素
核心价值要素	苏州街沿街立面形式
	建筑屋顶女儿墙檐口线脚形式
	建筑立面入口壁柱装饰图案
	立面入口柱头样式
	苏州街立面二层阳台
	建筑立面底部材质与形式
	交叉口立面主入口
	苏州街沿街建筑立面
	建筑二层墙身几何图案
	建筑立面檐口装饰
	屋顶女儿墙檐口线脚形式
	二层外部铁艺栏杆窗台
	建筑立面窗洞口尺度
	苏州街立面女儿墙顶部装饰花纹
	建筑立面壁柱与檐口交接处
	建筑立面二层几何装饰图案
一般价值要素	建筑屋顶结构形式

（十九）奉天中学公学堂旧址

奉天中学公学堂旧址（1917年）——沈阳市第二批历史建筑，属于二类历史建筑，位于沈阳市和平区南昌街5号，周边有北一马路110号历史建筑、原满洲医科大学体育馆旧址、中国医科大学听力实验室旧址,与原满洲医科大学体育馆旧址相对。该建筑是近代沈阳"满铁"附属地内首批教育建筑,是近代早期砖混结构建筑的代表,具有较高的历史价值与科学价值(见表7-19)。

表7-19 奉天中学公学堂旧址价值要素概况

价值要素分类	要素
核心价值要素	整体鸟瞰图
	南侧立面划分及开窗形式
	屋顶檐口及线脚形式
	北侧立面划分及开窗形式
	南侧立面雕刻牌匾样式
	窗洞口及窗框样式
	北侧入口样式

(二十)弘文堂旧址

弘文堂旧址(1922年)——沈阳市第二批历史建筑,属于二类历史建筑,位于沈阳市和平区中山路22号,建筑顺应街道转角布局,二层、坡屋顶、沿街立面简洁无装饰,具有近代"满铁"附属地日式建筑特点。作为沈阳早期商业建筑,对研究中山路沿线历史建筑街区具有重要的科学价值与文化价值(见表7-20)。

表7-20 弘文堂旧址价值要素概况

价值要素分类	要素
核心价值要素	中山路沿街立面饰面及门窗洞口
	民族北街中山路交叉口建筑饰面及门窗洞口
	民族北街沿街立面饰面,门窗洞口及壁柱
	建筑主入口
	建筑屋顶、屋脊及檐口
	民族北街立面入口
	建筑立面窗洞口
一般价值要素	建筑内部空间

（二十一）中山路 36 号建筑

中山路 36 号建筑（1922 年）——沈阳市第二批历史建筑，属于二类历史建筑，位于沈阳市和平区中山路 36 号，与七星百货旧址平行，周边历史建筑较多且距离文物保护单位较近，具有浓厚的历史建筑街区韵味。作为沈阳早期商业建筑，对研究中山路沿线历史建筑街区具有重要的科学价值与文化价值（见表 7-21）。

表 7-21　中山路 36 号建筑价值要素概况

价值要素分类	要素
核心价值要素	中山路沿街立面饰面及门窗洞口
	重庆北街中山路交叉口建筑饰面及门窗洞口
	重庆北街沿街立面饰面及门窗洞口
	中山路沿街立面女儿墙、檐口、壁柱及线脚
	重庆北街中山路交叉口建筑屋顶及檐口
	建筑室外楼梯

（二十二）协田商店旧址

协田商店旧址（1925 年）——沈阳市第二批历史建筑，属于二类历史建筑，位于沈阳市和平区民族北街 40 号，历史建筑周边居民相对密集，小商品零售业较发达。作为沈阳早期商业建筑，对研究中山路沿线历史建筑街区具有重要的科学价值与文化价值（见表 7-22）。

表 7-22　协田商店旧址价值要素概况

价值要素分类	要素
核心价值要素	东侧沿街立面比例划分及尺度
	东侧沿街立面二层窗洞口位置、尺度及壁柱、檐口装饰位置、尺度、样式
	东侧沿街立面檐口装饰样式
	东侧沿街立面壁柱样式

（二十三）浪速馆旧址

浪速馆旧址（1926 年）——沈阳市第一批历史建筑，属于二类历史建筑，该建筑属于办公类建筑，是 20 世纪二三十年代典型的现代建筑，位于沈阳市和平区中山路 90 号，在中山路与同泽北街交会处，紧邻秋林公司旧址。

作为沈阳早期办公建筑，对研究中山路沿线历史建筑街区具有重要的科学价值、历史价值与艺术价值（见表 7-23）。

表 7-23　浪速馆旧址价值要素概况

价值要素分类	要素
核心价值要素	单坡加女儿墙屋顶形式
	东南侧立面尺度与形式
	檐口线脚形式
	东南侧立面白色水泥抹灰竖向窗套
	东南侧立面白色水泥抹灰横向窗套
	东南侧立面窗洞口形式及尺度
	东南侧主入口门窗洞口及其雨棚比例及形式
	东南侧立面瓷砖贴面
一般价值要素	室内双跑楼梯（混凝土梯段、金属扶手）
	室内二、三层走廊地面红色釉面砖
	室内二层顶棚白色抹灰线脚

（二十四）南二马路 48 号建筑群-1、2、3

南二马路 48 号建筑群-1、2、3（1937 年）——沈阳市第二批历史建筑、中国近代日式住宅群、满铁住宅建筑类型的典型代表，是沈阳近代标准化住宅建筑类型之一。属于二类历史建筑，位于沈阳市和平区南二马路 48 号，位于中山广场西南方向，作为沈阳早期住宅建筑，对研究中山路沿线历史建筑街区具有重要的科学价值、历史价值与艺术价值（见表 7-24、7-25、7-26）。

表 7-24　南二马路 48 号建筑群-1 价值要素概况

价值要素分类	要素
核心价值要素	北立面尺度、勒脚、窗洞口及窗套样式
	西立面尺度、勒脚、窗洞口及窗套样式
	南立面尺度、勒脚、窗洞口及窗套样式
	东立面尺度、勒脚、窗洞口及窗套样式
	建筑坡屋顶样式
	建筑北侧主入口门厅、门套样式
	屋顶檐口样式
	南立面阳台样式
	东立面阳台样式

表 7-25　南二马路 48 号建筑群-2 价值要素概况

价值要素分类	要素
核心价值要素	北立面尺度、勒脚、窗洞口及窗套样式
	南立面尺度、勒脚、窗洞口及窗套样式
	东立面尺度、勒脚、窗洞口及窗套样式
	建筑坡屋顶样式
	建筑北侧主入口门厅、门套样式
	屋顶檐口样式
	建筑北立面烟囱样式
	南立面阳台样式
	东立面阳台样式

表 7-26　南二马路 48 号建筑群-3 价值要素概况

价值要素分类	要素
核心价值要素	南立面尺度、勒脚、窗洞口及窗套样式
	西立面勒脚形式
	东立面尺度、勒脚、阳台、窗洞口及窗套样式
	建筑坡屋顶样式
	建筑北侧主入口门厅、门套样式
	屋顶檐口样式
	建筑北立面烟囱样式
	南立面阳台样式
	东立面阳台尺度及样式

（二十五）奉天大仓大楼旧址

奉天大仓大楼旧址（1937 年）——沈阳市第一批历史建筑，属于二类历史建筑，位于沈阳市和平区中山路 164 号，在中山路与和平北大街的交会处，西侧建有奉天旅馆旧址、柳州街 8 号历史建筑、柳州街 14 号历史建筑群、中山路 152 号历史建筑。建筑为钢筋混凝土框架结构，地上五层、地下一层，采用大玻璃窗，是当时沈阳市最高的建筑之一，作为沈阳早期商业建筑，对研究中山路沿线历史建筑街区具有重要的科学价值、历史价值与文化价值（见表 7-27）。

表 7-27　奉天大仓大楼旧址价值要素概况

价值要素分类	要素
核心价值要素	不规则多边形平面布局及平屋顶样式
	东南向沿街立面整体比例、尺度及开窗形式
	西北向立面整体比例、尺度及开窗形式
	西北向立面近代玻璃幕墙样式、尺度
	西北向立面烟囱样式、尺度
	钢筋混凝土结构样式
	室内西北侧楼梯样式、尺度
	室内原制电梯门样式及对应电梯井位置、尺度
一般价值要素	室内彩色水磨石地面
	室内原制电梯楼层标识

（二十六）中国医科大学老校区建筑群

中国医科大学老校区建筑群（1911 年始建）——沈阳市第一批历史建筑，属于二类历史建筑，位于沈阳市和平区南京北街 155 号，处于和平北大街、北四马路、北二马路交会内部，主要包含门诊楼（1937 年竣工）、基础一楼和基础二楼（1929 年竣工）、办公楼（1932 年始建）、礼堂及图书馆（1914 年竣工）、体育馆（1927 年竣工）。作为沈阳早期医疗与教育建筑，对研究中山路沿线历史建筑街区具有重要的科学价值、历史价值与艺术价值（见表 7-28）。

表 7-28　中国医科大学老校区建筑群价值要素概况

价值要素分类	要素
核心价值要素	正立面（西向）整体比例与尺度
	西北向立面整体比例与尺度
	东北向立面整体比例及尺度
	"U"形平面布局形式平屋顶样式
	建筑檐口装饰线脚样式
	建筑原制窗洞口及窗下装饰样式
	正立面（西向）主入口门柱、台阶、雨棚样式
	正立面（西向）主入口两侧无障碍弧形坡道样式

价值要素分类	要素
核心价值要素	墙身下部勒脚及散水形式、尺度及材质
	建筑主体部分原制雨棚样式
	水平挑檐平屋顶
	主立面（东北向）整体比例与尺度
	北二马路沿街立面（西南向）整体比例与尺度
	两个山墙立面整体比例及尺度
	突出屋面楼梯间檐口装饰样式
	屋顶挑檐、雨棚檐口线脚及檐下装饰样式
	地下一层立面窗套式装饰样式
	主立面（东北向）入口处直跑楼梯样式
	主立面水泥砂浆门套装饰样式
	主立面水泥砂浆窗套装饰样式
	建筑地下一层与地上交接处水刷石线脚
	正立面（南侧）比例与尺度
	立面原制开窗样式、不同工艺层形成建筑材料和建筑色彩对比
	半地下室窗井样式
	入口上方凹阳台、栏杆样式
	室内先分后合式双跑楼梯、扶手、墙裙样式
	南立面主入口上方女儿墙"东方红1968120"字样
	平屋顶样式
	南侧主入口原制木门、双层内门斗样式
	入口凹门廊原制木门和台阶样式
	水平挑檐及女儿墙样式
	半地下室及窗井
	"一"字形整体空间格局
	立面窗洞口
	西南立面划分比例及样式
	东南主入口、入口台阶及浮雕构件

续表

价值要素分类	要素
核心价值要素	东北立面划分及比例样式
	墙身勒脚
	立面墙身线脚
	立面砌筑样式
	建筑前楼主入口门厅北双跑楼梯及扶手样式
	平屋顶、女儿墙样式
	西南立面女儿墙上部红砖叠涩刻山花
	立面主入口
	西北立面女儿墙上部红砖叠涩刻山花
	立面主入口台阶
	西南立面窗洞口
	西北立面划分比例及样式
	西南立面挑出阳台及栏杆扶手
	立面砌筑方式
一般价值要素	建筑周围下沉空间处虎皮石挡土墙
	原制照明灯具样式
	室内地面水刷石面层及其样式
	东南立面壁柱
	室内内墙原制窗洞口
	建筑内部双跑楼梯
	室内入口门厅
	建筑主体部分室内一层大厅北侧楼梯入口拱形样式
	建筑周围挡土墙上防护围栏

（二十七）日本外贸公司办公楼旧址

日本外贸公司办公楼旧址（1937 年）——沈阳市第一批历史建筑，属于二类历史建筑，位于沈阳市和平区民主路 107 号，处于太原街与民主路交会处，建筑立面沿道路布局形成"V"形。该建筑是 20 世纪 30 年代典型的现代建筑，作为沈阳早期商业建筑，对研究中山路沿线历史建筑街区具有重要的科学价值、历史价值与艺术价值（见表 7-29）。

表 7-29 日本外贸公司办公楼旧址价值要素概况

价值要素分类	要素
核心价值要素	"V"形空间布局
	穹顶形式、色彩及檐口线脚装饰
	沿街三段式立面比例及尺度
	门窗洞口形式、比例及尺度
	立面混凝土预制隅石①窗套
	一、二层间水泥抹灰挑檐
	北侧主入口门洞形式
	穹顶两侧装饰构件
	立面窗套雕花形式
	室内楼梯
	室内走廊

(二十八) 蔡少武旧居

蔡少武旧居（1920年）——沈阳市第二批历史建筑，属于二类历史建筑，坐落于沈阳市沈河区中山路214号、216号。该建筑平面呈"凹"字形，是近代商埠地区西式小洋楼的代表建筑，在建筑技术与艺术特色上，体现了沈阳近代住宅建筑向现代化发展的趋势，对研究中山路沿线历史建筑街区具有重要的科学价值、历史价值、文化价值与艺术价值（见表7-30）。

表 7-30 蔡少武旧居价值要素概况

价值要素分类	要素
核心价值要素	南侧沿街立面尺度及划分样式
	坡屋顶样式
	建筑中部南立面主入口弧形雨棚样式

(二十九) 原满洲医科大学体育馆旧址

原满洲医科大学体育馆旧址（1927年）——沈阳市第三批历史建筑，属于三类历史建筑，中国较早钢结构、大空间的体育建筑，为我国早期钢结构

---

① 隅石，墙角的石头。

建筑样式提供科学依据。该建筑位于沈阳市和平区北二马路 92 号，作为沈阳早期教育建筑，对研究中山路沿线历史建筑街区具有重要的科学价值、历史价值、文化价值与艺术价值（见表 7-31）。

表 7-31　原满洲医科大学体育馆旧址价值要素概况

价值要素分类	要素
核心价值要素	建筑屋顶
	建筑屋顶正脊圆筒
	建筑屋顶钢架拱状天窗
	建筑东、西立面
	建筑南立面壁柱

（三十）奉天自动电话交换局附属建筑

奉天自动电话交换局附属建筑（1928 年）——沈阳市第三批历史建筑，属于二类历史建筑，位于沈阳市和平区太原街 34 号，颇具 20 世纪 20 年代的现代主义风格。作为沈阳早期办公建筑，对研究中山路沿线历史建筑街区具有重要的科学价值、历史价值、文化价值与艺术价值（见表 7-32）。

表 7-32　奉天自动电话交换局附属建筑价值要素概况

价值要素分类	要素
核心价值要素	建筑平屋顶
	北三马路沿街立面
	太原北街沿街立面
	建筑西立面
	北三马路沿街立面烟囱
	建筑立面横向分割线脚
	北三马路沿街立面窗洞口
	太原北街沿街立面窗洞口

（三十一）武田医药株式会社旧址

武田医药株式会社旧址（1937 年）——沈阳市第三批历史建筑，属于二类历史建筑，建筑平面呈"L"形状，为典型日式风格建筑。该建筑用于日本对华贸易药品，为日本对华药材侵略和经济侵略提供了历史证据，位于沈阳市和平区北三马路 16-4 号，北三马路与太原北街的交叉路口位置。作为沈阳早期商业建筑，对研究中山路沿线历史建筑街区具有重要的科学价值、历史价值与文化价值（见表 7-33）。

表 7-33　武田医药株式会社旧址价值要素概况

价值要素分类	要素
核心价值要素	太原北街沿街立面
	太原北街与北三马路交叉口沿街立面
	北三马路沿街立面
	建筑顶层檐口
	建筑立面窗洞口及装饰构件
	建筑一层立面壁柱
	建筑立面线脚

（三十二）下野集团旧址

下野集团旧址（1929 年）——沈阳市第三批历史建筑，属于三类历史建筑，是南满时期日本在我国东北地区商业活动的见证，位于沈阳市和平区民族街 27 号，与松岛馆旧址、北四马路 8 号独栋住宅位于同一侧。作为沈阳早期商业建筑，对研究中山路沿线历史建筑街区具有重要的历史价值、文化价值（见表 7-34）。

表 7-34　下野集团旧址价值要素概况

价值要素分类	要素
核心价值要素	北四马路沿街立面
	民族北街沿街立面
	北四马路与民族北街交叉口立面
	北四马路沿街立面凹凸关系
	北四马路沿街立面窗洞口
	建筑内部木结构屋架

（三十三）松岛馆旧址

松岛馆旧址（1929 年）——沈阳市第三批历史建筑，属于二类历史建筑，曾为日本军队娱乐服务部门、国民党四维剧团所在地，位于沈阳市和平区北四马路 10 号，与下野集团旧址、北四马路 8 号独栋住宅位于同一侧。作为沈阳早期娱乐建筑，对研究中山路沿线历史建筑街区具有重要的历史价值与文化价值（见表7-35）。

表7-35　松岛馆旧址价值要素概况

价值要素分类	要素
核心价值要素	南座建筑屋顶女儿墙
	北座建筑坡屋顶
	北四马路沿街立面
	南座建筑东、北立面
	北座建筑南立面
	建筑院内室外楼梯
	北座建筑南立面雨棚
	南座建筑东立面一层窗洞口
	北四马路沿街立面窗洞口及装饰构件
	建筑院内二层走廊

（三十四）奉天测候局旧址

奉天测候局旧址（1937年）——沈阳市第三批历史建筑，属于二类历史建筑，曾供日本气象观测预报部门使用，新中国成立后供辽宁省气象局使用。该建筑记录了东北地区气象学的发展，对东北地区气象规律的梳理提供了历史依据，位于沈阳市和平区和平南大街18号甲2号，作为沈阳早期办公建筑，对研究中山路沿线历史建筑街区具有重要的科学价值、历史价值与文化价值（见表7-36）。

表7-36　奉天测候局旧址价值要素概况

价值要素分类	要素
核心价值要素	东南侧沿街立面
	南侧沿街立面
	东侧沿街立面
	北侧沿街立面
	西、西北、北侧立面
	多重檐口线脚
	北侧墙体垂直及水平装饰构件
	东南侧立面窗洞及水平装饰
	南、西、北侧立面窗洞口

（三十五）泰东大厦旧址

泰东大厦旧址（1938 年）——沈阳市第三批历史建筑，属于三类历史建筑，位于沈阳市和平区八经街道沈电社区十一纬路 9 号，建筑平面呈"V"字形状，沈阳现存较早的框架结构建筑，在东北地区旅馆设计类别当中处于较高地位。建筑整体分为地上五层，地下一层；钢混结构，建筑外墙简洁，外立面仅檐口有几何形装饰带，为现代主义风格。作为沈阳早期商业建筑，对研究中山路沿线历史建筑街区具有重要的历史价值与文化价值（见表 7-37）。

表 7-37　泰东大厦旧址价值要素概况

价值要素分类	要素
核心价值要素	转角弧形空间格局
	东、西、南、北侧沿街立面及窗洞口
	西、南立面及窗洞口（内部）
	一层白色线脚及分隔壁柱
	墙身顶部装饰

（三十六）北二条路派出所旧址

北二条路派出所旧址（20 世纪 30 年代）——沈阳市第四批历史建筑，属于三类历史建筑，位于沈阳市和平区中山路 42 号，与省级文物保护单位奉天邮电局旧址相邻。作为沈阳早期社会管理的办公建筑，对研究中山路沿线历史建筑街区具有重要的科学价值、历史价值与文化价值（见表 7-38）。

表 7-38　北二条路派出所旧址价值要素概况

价值要素分类	要素
核心价值要素	建筑形态
	平屋顶、女儿墙样式
	建筑立面窗洞口
	建筑檐口装饰线脚样式
	立面划分比例样式

（三十七）安达洋行旧址

安达洋行旧址（20 世纪 20 年代）——沈阳市第四批历史建筑，属于三类历史建筑，曾作为山本写真馆使用，与省级文物保护单位奉天邮电局旧址相对，临近市级文物保护单位奉天自动电话交换局旧址，位于沈阳市和平区中山路 62 号。作为沈阳早期办公建筑，对研究中山路沿线历史建筑街区具有重要的历史价值与文化价值（见表 7-39）。

表 7-39 安达洋行旧址价值要素概况

价值要素分类	要素
核心价值要素	不规则"U"形态
	平屋顶、女儿墙样式
	建筑立面窗洞口
	建筑檐口装饰线脚样式
	立面划分比例样式
一般价值要素	建筑内部走廊样式

（三十八）奉天新闻社旧址

奉天新闻社旧址（1926 年）——沈阳市第四批历史建筑，属于三类历史建筑，原为"满铁"附属地内的侵华新闻宣传机构，砖混结构，具有日本建筑特征①，位于沈阳市和平区开封街三巷 3 号，与浪速馆旧址临近。作为沈阳早期办公建筑，对研究中山路沿线历史建筑街区具有重要的历史价值与文化价值（见表 7-40）。

表 7-40 奉天新闻社旧址价值要素概况

价值要素分类	要素
核心价值要素	四坡屋顶样式
	沿街立面划分形式
	墙身砌筑方式
	屋顶尖顶
	屋檐样式

（三十九）大昌银号旧址

大昌银号旧址（1935 年）——沈阳市第四批历史建筑，属于三类历史建筑，位于和平区南京北街 149 号，与国家重点文物保护单位朝鲜银行奉天支

---

① 奉天新闻社旧址为带举架的攒尖顶。

店旧址邻近。作为沈阳早期办公建筑，为中国金融业历史沿革提供了证据，对研究中山路沿线历史建筑街区具有重要的科学价值、历史价值、文化价值与艺术价值（见表7-41）。

表7-41 大昌银号旧址价值要素概况

价值要素分类	要素
核心价值要素	立面整体比例与尺度
	建筑檐口装饰图案
	建筑底部柱础
	立面窗洞及水平装饰
	外墙壁柱样式
	门窗划分比例
	入口门柱与门比例
	建筑一层出入口门楣样式

（四十）奉天警察署旧址

奉天警察署旧址（1929年）——辽宁省省级文物保护单位（1996年），沈阳首批不可移动建筑之一（2004年），被纳入"中山广场及周围建筑群"（2007年），位于沈阳市和平区中山路106号，现作为沈阳市公安局使用。建筑整体呈东西方向，立面由红砖砌筑而成，外墙有部分浮雕；主入口有三层高的柱廊，内部大厅高达三层，大厅二层、三层设有回廊。该建筑主体结构保存良好，对研究中山路沿线历史建筑街区具有重要的艺术价值、历史价值与文化价值（见表7-42）。

表7-42 奉天警察署旧址价值要素概况

价值要素分类	要素
核心价值要素	立面与门窗洞口样式、细部装饰细节
	立面装饰线脚
	顶部装饰细节
	红砖、青砖细部装饰
	窗户与立面比例
	立面屋顶檐口、窗洞口装饰构件
	立面砌筑方式
	不同工艺层面形成建筑材料和建筑色彩对比
	老虎窗样式

（四十一）奉天电报电话局旧址

奉天电报电话局旧址（1936年）——沈阳市第二批历史建筑，属于二类历史建筑，坐落于沈阳市和平区中山路180号，八经街与中山路夹角位置。建筑平面呈"V"字形状，曾作为奉天电报电话局使用，建筑内部电信功能沿用至今，对研究中山路沿线历史建筑街区具有重要的历史价值与文化价值（见表7-43）。

表7-43 奉天电报电话局旧址价值要素概况

价值要素分类	要素
核心价值要素	中山路与八经街交叉沿街立面
	中山路沿街立面划分及门窗洞口形式
	院内西侧立面划分形式
	八经街沿街立面划分及窗洞口形式
	院内南侧立面划分及窗洞口形式
	院内北侧立面划分及窗洞口形式
	建筑屋顶檐口及立面窗形式
	中山路沿街立面入口形式
一般价值要素	建筑内部空间
	建筑内部楼梯

二、盛京皇城沿线历史建筑

盛京皇城中的沈阳故宫建筑群融汇汉、满、蒙、藏等多种艺术风格，是建筑艺术与建筑技术的完美代表；张学良旧居、东三省总督府旧址、东三省官银号旧址等民国建筑呈现出欧式折中主义风格，是我国近代建筑的优秀代表（见图7-2）。

（一）沈阳故宫建筑群

沈阳故宫建筑群（1625年）——沈阳故宫是第一批全国重点文物保护单位（1961年）、世界文化遗产保护单位（2004年），沈阳故宫博物院是国家一级博物馆（2017年），凤凰楼、文渊阁是中国历史文化名楼（2021年）。宫殿整体历时158年建造完成，包括以大政殿、十王亭、銮驾库、奏乐亭为东路建筑群；以清宁宫、凤凰楼、崇政殿、大清门为中轴建筑，飞龙阁、翔凤阁、关雎宫、永福宫、麟趾宫、衍庆宫、盛京太庙、迪光殿、保极宫等建筑构成的中路建筑群；以仰熙斋、文溯阁、嘉荫堂和戏台等建筑构成的西路建筑群（见图7-3）。沈阳故宫建筑群作为沈阳市标志性游览景区，

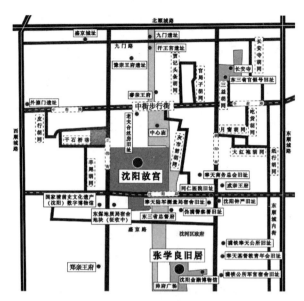

图 7-2 盛京皇城沿线历史建筑位置关系（局部）

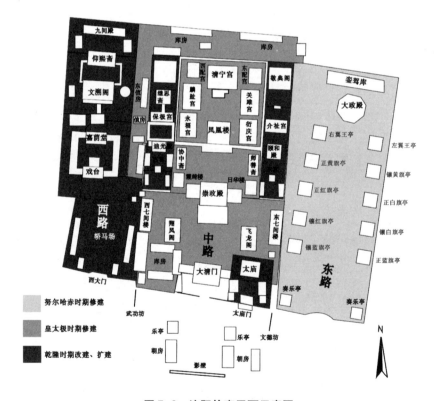

图 7-3 沈阳故宫平面示意图

位于沈阳市沈河区，对研究盛京皇城沿线历史建筑街区具有重要的科学价值、历史价值、文化价值与艺术价值（见表7-44、7-45、7-46、7-47）。

表7-44　沈阳故宫建筑群—东路建筑群价值要素概况

价值要素分类	要素
核心价值要素	东路建筑群整体空间布局
	大政殿八角重檐攒尖顶样式
	大政殿蒙古力士房脊样式
	大政殿主入口两侧金龙盘柱样式
	大政殿柱础样式
	大政殿外檐建筑彩画
	大政殿青石栏杆荷花、净瓶装饰雕刻样式
	大政殿室内空间划分
	大政殿立面壁柱顶部狮头样式
	大政殿立面门窗洞口形式
	大政殿室内宝座、藻井样式
	大政殿室脊兽样式
	大政殿室内龙座前方阶梯与台基上龙饰样式
	大政殿月台样式
	十王亭主入口隔扇门样式
	十王亭亭内火炕
	十王亭亭外灶火口
	十王亭空间布局
	十王亭布瓦歇山起脊样式
	銮驾库立面门窗洞口样式
	銮驾库前后门廊样式
	奏乐亭四角攒尖顶样式
	奏乐亭琉璃瓦片
	奏乐亭高台结构样式
	建筑色彩
	沈阳故宫东路建筑群匾额

表 7-45　沈阳故宫建筑群—中路建筑群价值要素概况

价值要素分类	要素
核心价值要素	中路建筑群整体空间布局
	高台院落空间布局
	清宁宫整体空间布局
	清宁宫门窗洞口样式
	清宁宫前后连廊
	清宁宫硬山顶样式
	清宁宫室内空间划分
	清宁宫连廊立柱柱头兽面雕饰样式
	清宁宫室内"卍"字炕布局
	清宁宫西北角烟囱形式及比例尺度、烟囱下对应烟道
	凤凰楼整体空间布局
	凤凰楼三滴水歇山式围廊
	凤凰楼青砖台基
	凤凰楼琉璃瓦片
	凤凰楼油饰彩画
	凤凰楼一层出入口台阶
	崇政殿整体空间布局及室内空间划分
	崇政殿硬山顶样式
	崇政殿石雕围栏
	崇政殿方形廊柱
	崇政殿望柱①下方螭首样式
	崇政殿彩画色彩与纹样形式
	崇政殿顶盖瓦片
	崇政殿匾额
	崇政殿内蟠柱金龙样式
	崇政殿前台基"日晷"与"嘉量"②

①　望柱也称栏杆柱，是中国古代建筑桥梁栏板和栏板之间的短柱。望柱有木造和石造两种。望柱分柱身和柱头两部分，柱身的截面，在宋代多为八角形，清代多为四方形。

②　中国古代标准量器，有斛、斗、升、合、龠五个容积单位。

续表

价值要素分类	要素
核心价值要素	崇政殿石栏杆雕刻麒麟、狮子和梅、葵、莲等纹饰样式
	崇政殿山墙顶端与正脊镶嵌的五彩琉璃赶珠龙样式
	崇政殿山墙顶端与正脊两端的螭吻①样式
	崇政殿前灰黑色覆莲柱础样式
	崇政殿内殿基月台、宝座
	大清门立面墙体死角琉璃墀头②浮雕样式
	大清门左右侧山墙琉璃龙墙柱样式
	大清门硬山顶样式
	大清门山墙纹饰
	大清门建筑彩画
	沈阳故宫中路建筑群匾额

表 7-46　沈阳故宫—西路建筑群价值要素概况

价值要素分类	要素
核心价值要素	西路建筑群整体空间布局
	西路建筑群建筑彩画
	西路建筑群匾额
	文溯阁整体空间布局
	文溯阁二层室内空间布局
	文溯阁山墙两侧屋檐样式
	文溯阁建筑色彩
	嘉荫堂门窗样式
	嘉荫堂室内空间布局
	戏台歇山顶样式及两侧山花样式
	仰熙斋卷棚硬山顶样式

---

① 螭吻，中国古代神兽，中国神话传说中龙生九子的第九子，由鸱尾、鸱吻（音吃吻）演变而来，唐朝以前的鸱尾加上龙头和龙尾后逐渐演变为明朝以后的螭吻。

② 墀头（chí tóu），中国古代传统建筑构建之一。山墙伸出至檐柱之外的部分，突出在两边山墙边檐，用以支撑前后出檐。

表7-47 沈阳故宫建筑群—其他建筑单体价值要素概况

价值要素分类	要素
核心价值要素	脊兽样式
	下马碑样式
	御花园整体空间布局
	黄琉璃瓦镶绿剪边样式
	龙头房檩
	文溯阁东山墙边方形碑亭
	石阶、石栏及石栏柱头样式
一般价值要素	宫墙色彩及样式

（二）张学良旧居建筑群

张学良旧居建筑群（1914年）——沈阳市级文物保护单位（1985年），辽宁省级文物保护单位（1988年），第二批中国20世纪建筑遗产名单①，全国重点文物保护单位（1996年），全国优秀近代建筑群。1998年，辽宁省设立并开放"张学良旧居陈列馆"，2002年更名为张氏帅府博物馆暨辽宁近现代史博物馆。张学良旧居建筑群主要建筑包括大青楼、小青楼、关帝庙、帅府舞厅、边业银行（沈阳金融博物馆）、三进四合院、赵一荻故居、西园红楼群，以仿罗马式建筑风格为主，并注入中国传统式、北欧式及日本式建筑风格。建筑群整体呈现南北纵向的空间布局，分为东、中、西三部分建筑空间，具有中国传统王府形貌，位于沈阳市沈河区朝阳街少帅府巷46号，对研究盛京皇城沿线历史建筑街区具有重要的科学价值、历史价值、文化价值与艺术价值（见表7-48、7-49、7-50、7-51）。

---

① 中国文物学会、中国建筑学会、池州市人民政府、中国建设科技集团股份有限公司联合主办的"第二批中国20世纪建筑遗产"项目。

表 7-48　张学良旧居建筑群—东路建筑群价值要素概况

价值要素分类	要素
核心价值要素	建筑群整体空间布局
	各建筑室内空间划分
	大青楼建筑主立面浮雕样式
	大青楼建筑主立面栏杆和门、窗洞口样式
	大青楼三层圆形窗洞口样式
	大青楼二层圆形窗洞口样式
	大青楼一、二层室内空间布局
	大青楼主入口前方假山南、北面匾额
	大青楼立面屋顶檐口、窗洞口装饰
	大青楼立面浮雕立柱
	大青楼入口上方阳台、栏杆样式
	小青楼后顶部环形女儿墙样式
	小青楼门窗、洞口样式
	小青楼烟囱样式
	小青楼屋顶檐口、窗洞口装饰构件
	关帝庙门、窗洞口样式
	关帝庙硬山顶样式
	关帝庙西屋供奉的宝刀与官印

表 7-49　张学良旧居建筑群—中路建筑群价值要素概况

价值要素分类	要素
核心价值要素	三进四合院门廊柱油饰彩绘
	三进四合院窗下墙身砚石浮雕样式
	三进四合院大门彩绘
	三进四合院门、窗洞口样式
	三进四合院墙身线脚
	一进院内侧门楣上方牌匾与"护国治家"字样
	通往二进院门楼样式

表 7-50　张学良旧居建筑群—西路建筑群价值要素概况

价值要素分类	要素
核心价值要素	红楼建筑群主立面栏杆和门、窗洞口样式
	红楼建筑群室内空间划分
	红楼建筑群老虎窗样式
	红楼建筑群地下一层立面窗套式装饰样式
	红楼建筑群墙身线脚
	红楼建筑群建筑色彩对比
	红楼建筑群"U"字形前院空间布局
	红楼建筑群三角形的山花样式

表 7-51　张学良旧居建筑群—其他建筑单体价值要素概况

价值要素分类	要素
核心价值要素	大青楼前方花园空间布局
	三进四合院正门南侧影壁
	帅府正门两侧抱鼓石狮和上马石
	张学良将军雕像
	木雕、砖雕建筑装饰样式
	边业银行"手枪"型建筑格局
	边业银行整体空间布局及主立面浮雕样式
	边业银行主立面门柱及柱础、柱头样式
	边业银行主立面门、窗洞口样式
	边业银行平屋顶样式
	赵一荻故居建筑整体空间布局
	赵一荻故居室内空间划分
	赵一荻故居老虎窗样式
	赵一荻故居屋顶仰瓦样式
	赵一荻故居门、窗洞口样式
	赵一荻屋顶檐口装饰构件
	帅府舞厅主入口建筑立面砌筑样式
	帅府舞厅门、窗洞口样式
	帅府舞厅屋顶檐口、窗洞口装饰构件
	帅府舞厅入口上方阳台、栏杆样式
	帅府舞厅立面钟表样式
	帅府舞厅室内装饰

（三）长安寺

长安寺（重修于 1940 年）①——沈阳市级文物保护单位（1985 年），辽宁省级文物保护单位（1988 年）。寺院呈长方形，由南向北为山门、天王殿、大雄宝殿、比丘坛、藏经阁，其中山门、天王殿、戏楼、拜殿、大殿、后殿为寺院中轴建筑。寺院现存有《大正藏》两部②，石碑六通③。长安寺位于沈阳市沈河区朝阳街长安寺巷 6 号，沈阳中街北侧，对研究盛京皇城沿线历史建筑街区具有重要的科学价值、历史价值、文化价值与艺术价值（见表 7-52）。

表 7-52　长安寺价值要素概况

价值要素分类	要素
核心价值要素	歇山顶样式
	屋檐样式
	屋面脊饰样式
	梁、柱、枋、额、檩、椽、飞子和斗拱等油饰彩画样式
	寺内植物石栏样式
	斗拱样式
	匾额
	建筑立面门、窗洞口样式
	寺内石碑样式
	建筑整体空间布局
	室内空间划分
	建筑立面门的彩绘样式

（四）汗王宫遗址

汗王宫遗址（1625 年）——辽宁省第九批省级文物保护单位（2014

---

① 沈阳最古老的建筑群，相传建于唐朝，寺内碑刻记载曾重修于明永乐七年（1409年），明天顺二年（1458 年）、成化二十三年（1487 年）直至清朝曾多次修缮。
② 《大正藏》——《大正新修大藏经》，日本编纂的佛教典籍，1934 年印行。
③ 其中明成化二十三年（1487 年）《重修沈阳长安禅寺碑》有重要的文物价值。

年），努尔哈赤的早期寝宫①，是"一宫两陵"② 世界文化遗产的重要组成部分。遗址包括宫门、宫墙、前院、高台基底座③，筑于高台基上的主体建筑已无存留。汗王宫北围墙宽1.4米，南围墙宽1米。汗王宫遗址出土了满文"天命通宝"铜钱以及大量绿釉琉璃建筑构件，瓦当、滴水④、当面和部分模印花砖上均有莲花纹饰。该遗址是沈阳标志性历史文化景观，是清代早期建筑中不可或缺的部分，对满族文化史、城市史、宫廷史研究有重要的参考价值。汗王宫遗址位于沈阳市沈河区中街路北，北中街清豫亲王多铎王府遗址北侧50米处，对研究盛京皇城沿线历史建筑街区具有重要的科学价值、历史价值与文化价值（见表7-53）。

表7-53　汗王宫遗址价值要素概况

价值要素分类	要素
核心价值要素	筒瓦瓦当、板瓦、花砖、串珠纹砖、砖雕、滴水样式
	雕花脊砖
	瓦当、滴水、当面和部分模印花砖上莲花纹饰样式
	宫门、宫墙、前院、高台基底座
	绿釉琉璃建筑构件

（五）满铁奉天公所旧址

满铁奉天公所旧址（1907年）⑤ ——沈阳市重点文物保护单位（2008年），沈阳市不可移动文物，辽宁省第九批省级文物保护单位（2014年）。满铁奉天公所建在张学良旧居建筑群对面，原为日本南满洲铁道株式会社在

---

① 2012年夏天，沈阳市文物考古研究所的考古工作者发现一处清代早期建筑群遗址。最后经考古发掘证明，此处清代早期建筑群遗址就是曾经的汗王宫，与《盛京城阙图》所绘的"太祖居住之宫"的位置完全吻合。

② "一宫两陵"指沈阳市的盛京故宫、福陵和昭陵。

③ 高台基底座由四道南北向、六道东西向的砖筑台基和围筑其间的夯土台共同构成，砖筑台基整体略呈长方形，南北宽度23.5米，东西长度46米。

④ 在建筑物屋顶仰瓦形成的瓦沟的最下面的一块特制的瓦。一般设置在屋檐、窗台的下侧滴水，其作用主要是防止雨水沿屋檐、窗台侵蚀墙体。明清时期渐渐演变发展成为如意形滴水。

⑤ 1907年，南满洲铁道株式会社在道教庙宇景佑宫的旧址上设立奉天公所，1931年废止，"九一八"事变后作为"满铁"奉天地方事务所。

奉天设立的分支机构，该建筑结构融入中国传统建筑造型手法，建筑空间采用中式传统四合院形式。外部檐口、窗台、栏杆以及室内装饰做工精美华丽，具有较高的历史价值与艺术价值。该建筑先后作为沈阳市图书馆（1945 年后）、沈阳少儿图书馆（1991 年）等单位向市民开放，位于沈阳市沈河区朝阳街 131号，对研究盛京皇城沿线历史建筑街区具有重要的科学价值、历史价值与文化价值（见表 7-54）。

表 7-54　满铁奉天公所旧址价值要素概况

价值要素分类	要素
核心价值要素	建筑整体空间布局
	屋顶色彩
	建筑立面（入口）比例及尺度
	立面比例及尺度
	檐口装饰线脚形式及比例尺度
	窗洞样式及周边装饰构件
	券拱的门洞样式
	建筑勒脚样式、尺度及砌筑方式
	里面院落（天井内）空间布局
	双坡顶样式
	老虎窗样式

（六）东三省官银号旧址

东三省官银号旧址（1905 年）——沈阳市级文物保护单位（1996 年），辽宁省级文物保护单位（2003 年），沈阳创办最早的近代银行。该建筑立面造型为古典三段式①手法，主楼一组共 3 层，附楼两组共 3 层，主附楼之间有错层；立面入口设有"凹"字形内缩雨搭，八级台阶，爱奥尼亚式檐柱四根；二层有装饰阳台；主楼营业厅三层设有玻璃天窗，大厅通透明亮，可从二层办公室俯视一楼大厅。沈阳解放后，该建筑曾作为银行和办事处，现为中国工商银行沈河区支行，位于沈阳市沈河区朝阳街 21 号，对研究盛京皇城沿线历史建筑街区具有重要的艺术价值、历史价值与文化价值（见表 7-55）。

---

① 我国古典三段式建筑由屋顶、屋身、台基三部分构成，以大屋顶为典型代表。

表 7-55　东三省官银号旧址价值要素概况

价值要素分类	要素
核心价值要素	立面整体比例与尺度
	建筑檐口装饰图案
	建筑底部柱础
	立面窗洞及水平装饰
	外墙壁柱样式
	门窗划分比例及样式
	入口门柱与门比例
	建筑整体空间布局
	室内空间划分
	门、窗洞口及装饰线脚
	建筑顶部铁质栏杆样式

（七）帅府后巷传统民居

帅府后巷传统民居（清代末期）——沈阳市第三批历史建筑，属于三类历史建筑，是盛京皇城沿线历史建筑街区中为数不多的清代晚期地方传统民居，位于沈阳市沈河区盛京路 25 号，对研究盛京皇城沿线历史建筑街区具有重要的科学价值、历史价值与文化价值（见表 7-56）。

表 7-56　帅府后巷传统民居价值要素概况

价值要素分类	要素
核心价值要素	建筑前檐墙
	北侧立面及窗洞口
	西侧山墙
	东侧墙面及砖檐砌筑
	南立面清水砖墙
	砖砌抽屉式檐口
	北立面檐下保留的部分烟囱（道）

续表

价值要素分类	要素
核心价值要素	院门东立面青砖砌筑
	院门门垛墀头做法
	院墙东立面青砖砌筑形式
	南侧建筑南侧立面建筑及窗洞口
	山墙砌法
	北立面窗
	北立面檐下保留部分烟囱（道）
	建筑后檐墙
一般价值要素	西侧院墙乔木

（八）长江照相馆

长江照相馆（20世纪20年代）——沈阳市第三批历史建筑，属于二类历史建筑，民国时期商业建筑，原为润记帽店，1956年改为长江照相馆，是现存沈阳老字号照相馆之一。建筑外立面仿欧新古典样式，建筑材料与施工均具有研究价值，是盛京皇城沿线历史建筑街区历史风貌的重要载体。长江照相馆位于沈阳市沈河区中街路163号（见表7-57）。

表7-57 长江照相馆价值要素概况

价值要素分类	要素
核心价值要素	北侧沿街立面
	北侧沿街立面二层阳台栏杆
	北侧沿街立面檐口装饰
	北侧沿街立面屋顶装饰
一般价值要素	北侧沿街立面扶壁柱

（九）正阳街170号建筑群

正阳街170号建筑群（19世纪80年代至20世纪50年代）——沈阳市第四批历史建筑，属于三类历史建筑，建筑立面、空间结构采用中式与西式相结合的方式，具有一定的技术与艺术价值。建筑群位于沈阳市沈河区正阳街 170-1、170-2 号，对研究盛京皇城沿线历史建筑街区具有重要的科学价值、历史价值与文化价值（见表 7-58）。

表 7-58　正阳街 170 号建筑群价值要素概况

价值要素分类	要素
核心价值要素	沿街立面门窗划分比例
	二层沿街立面窗、窗套样式
	建筑屋顶坡面
一般价值要素	烟囱

（十）同仁医院旧址

同仁医院旧址（20 世纪 20 年代）——沈阳市第四批历史建筑，属于三类历史建筑，原为医疗建筑，现为商业建筑，是盛京皇城历史建筑街区现存建设最早的医疗建筑。位于沈阳市沈河区沈阳路 227 号，对研究盛京皇城沿线历史建筑街区具有重要的历史价值与文化价值（见表 7-59）。

表 7-59　同仁医院旧址价值要素概况

价值要素分类	要素
核心价值要素	沿街立面建筑曲面
	立面窗洞口划分比例
	平屋顶
	勒脚

（十一）沈阳市工商业联合会办公楼

沈阳市工商业联合会办公楼（1956 年）——沈阳市第四批历史建筑，属于二类历史建筑，在沈阳办公类建筑建造初期占有重要的历史地位。该建筑立面细节装饰丰富，艺术特征突出，位于沈阳市沈河区朝阳街 192 号，对研究盛京皇城沿线历史建筑街区具有重要的艺术价值、历史价值与文化价值（见表 7-60）。

表 7-60 沈阳市工商业联合会办公楼价值要素概况

价值要素分类	要素
核心价值要素	立面划分比例与尺度
	主入口壁柱顶部形式
	立面檐口顶部装饰线脚
	建筑立面窗洞口形式
	立面壁柱顶部装饰图案
	墙身装饰线脚
	建筑内部楼梯形式
	屋顶装饰
一般价值要素	建筑一层外部石材楼梯
	建筑内部结构形式
	建筑内部门框形式

（十二）辽宁精密仪器厂

辽宁精密仪器厂（1965 年）——沈阳市第四批历史建筑，属于三类历史建筑，建筑立面具有一定艺术特色与研究价值，其位于沈阳市沈河区南顺城路 16 号，对研究盛京皇城沿线历史建筑街区具有重要的科学价值与历史价值（见表 7-61）。

表 7-61 辽宁精密仪器厂价值要素概况

价值要素分类	要素
核心价值要素	墙身颜色划分比例
	墙身勒脚
	立面浮柱
	立面窗洞口及窗套样式
	建筑入口门窗划分比例
	平屋顶样式
一般价值要素	建筑一层外部石材楼梯

（十三）东三省总督府旧址

东三省总督府旧址（清朝初期）——辽宁省级文物保护单位（2014年）。建筑整体分为上下两层，外部为青砖墙体，内部为人字架木结构，用料选材考究，雕饰精良，是典型的欧式建筑。位于沈阳市沈河区盛京路28号，在沈阳故宫与张学良旧居之间，对研究盛京皇城沿线历史建筑街区具有重要的科学价值、历史价值与文化价值（见表7-62）。

表7-62 东三省总督府旧址价值要素概况

价值要素分类	要素
核心价值要素	老虎窗、烟囱样式
	主入口正面两侧建筑景观布局
	建筑墙身勒脚
	墙身窗洞口划分比例
	门窗、建筑屋顶装饰
	主入口石阶与门洞样式
	门、窗洞口样式
	建筑内部空间布局
	坡屋顶样式
	建筑色彩对比
	"凹"字形建筑格局
	主入口门前对狮与下马石样式

（十四）奉天基督教青年会旧址

奉天基督教青年会旧址（1914年）①——辽宁省级文物保护单位（2003年），辽宁省第一批不可移动革命文物（2021年），沈阳市沈河区近现代重要史迹及代表性建筑。建筑坐北朝南，共有三层，另有地下室一层，室外青砖堆砌，室内券门、楼梯、扶手、装饰线脚等建筑要素具有较高的历史价值

---

① 奉天基督教青年会于1911年开始筹备，于1913由丹麦牧师华茂山经手创办，1914年3月正式创立。1926年，搬入新址（现在的奉天基督教青年会旧址）。

与艺术价值。该建筑为沈阳早期红色基地，设有德育部、智育部、体育部和群育部，为传播新文化运动和播撒革命火种奠定了基础，位于沈阳市沈河区朝阳街151-1号（见表7-63）。

表7-63　奉天基督教青年会旧址价值要素概况

价值要素分类	要素
核心价值要素	室内楼梯上的铜角边样式
	大厅左侧半圆弧形券门样式
	楼前百年白杜①
	墙身窗洞口与门划分比例
	一楼大厅顶棚藻井及彩画样式
	建筑立面青砖砌筑
	建筑室内空间布局
	立面墙身线脚
	坡屋顶样式
	室内木结构
	地下一层立面窗套式装饰样式
	房屋线脚

（十五）同泽女子中学旧址

同泽女子中学旧址（1928年）——沈阳市级文物保护单位（2008年），辽宁省级文物保护单位（2014年）。主教学楼由地上二层与半地下一层构成，为欧洲近现代建筑风格与中式建筑风格相结合。位于沈阳故宫西侧，怀远门南端，沈阳市沈河区承德街3号，对研究盛京皇城沿线历史建筑街区具有重要的科学价值、历史价值与文化价值（见表7-64）。

---

① 白杜（Euonymus maackii Rupr.），卫矛科卫矛属落叶小乔木，高达6米。叶呈卵状椭圆形、卵圆形或窄椭圆形。花呈淡白绿色或黄绿色。产地广阔。

表7-64 同泽女子中学旧址价值要素概况

价值要素分类	要素
核心价值要素	"T"字形建筑格局
	楼内墙身线脚与墙围样式
	立面装饰图形样式
	立面门、窗户样式
	建筑线脚与立面细部装饰
	红砖墙砌筑
	立面墙身线脚
	教学楼主入口门洞与主立面比例
	顶部檐口装饰线脚样式、构件
	平屋顶样式
	立面原制开窗样式、不同工艺面层形成建筑材料和建筑色彩对比
	楼内空间划分

（十六）中心庙

中心庙（1388年）——沈阳市文物保护单位（2008年），是沈阳市三大道观中最小的庙宇，也是城内供奉的关羽像保存年代最久的庙宇。中心庙位于沈阳故宫大政殿北面，明、清沈阳古城的中心，对研究盛京皇城沿线历史建筑街区具有重要的科学价值、历史价值与文化价值（见表7-65）。

表7-65 中心庙价值要素概况

价值要素分类	要素
核心价值要素	脊兽、瓦当样式
	建筑线脚与细部装饰
	坡屋顶样式
	建筑整体空间布局
	青砖砌筑方式
	正脊、垂脊、鸱吻样式
	入口两侧石狮样式
	宫灯样式

续表

价值要素分类	要素
核心价值要素	外檐建筑彩画
	庙内石碑与文字、聚宝盆样式
	庙内正面两侧立柱及屋顶檐口装饰构件

（十七）西北角楼

西北角楼（始建于明代，重建于清代）——一座青砖建筑，城墙从底部向上倾斜，城墙之上为三层明清风格飞檐阁楼，位于沈阳市沈河区西顺城路顺垣巷 12 号，对研究盛京皇城沿线历史建筑街区具有重要的科学价值、历史价值、文化价值与艺术价值（见表 7-66）。

表 7-66 西北角楼价值要素概况

价值要素分类	要素
核心价值要素	歇山式屋顶样式
	台基砌筑方式
	台基与楼整体空间布局
	楼中围廊、围栏样式
	脊兽与鸱吻样式
	正脊、垂脊、戗脊、山花样式
	台基楼梯样式
	一楼围墙样式
	一、二、三层楼立柱样式及柱础、柱头装饰构件
	一、二、三层楼门、窗洞口样式

（十八）利民商场旧址

利民商场旧址（1928 年）——俗称"小二百"或"二百地下商场"，沈阳市文物保护单位（1985 年），奉系军阀建造的中街最早楼房商场之一。该建筑为地上二层、地下一层，钢筋混凝土结构的商业建筑，突破了商铺的标准模式，将主入口置于地上一层和地下一层营业大厅的中间，有效提升了地下空间的经济效益，建筑高度同周围环境保持着宜人的尺度关系。位于沈阳市沈河区中街路 137 号，吉顺丝房旧址对面，对研究盛京皇城沿线历史建街区具有重要的艺术价值、历史价值与文化价值（见表 7-67）。

表 7-67　利民商场旧址价值要素概况

价值要素分类	要素
核心价值要素	建筑立面与窗洞口样式
	窗套与窗户组合样式
	立面细部装饰
	主出入口门柱与窗套样式
	立面细部装饰及线脚样式
	室内空间划分
	建筑顶部石栏样式

（十九）吉顺丝房旧址

吉顺丝房旧址（1925 年）① ——沈阳市级文物保护单位（1985 年），位于沈阳市沈河区中街路北。建筑整体为砖混结构，立面采用三段式构图。基段由通高二层的 8 根巨柱构成，中央两根为圆形，两旁列柱为方形壁柱，二层在柱间设小阳台，栏杆为"寿"字变形图案，阳台下有混凝土质的斗拱及象鼻出挑。三层至四层为中段，三层设通长阳台，在入口上方折起，下用混凝土模仿做出雁翅板，四层阳台随开间大小而设，为内凹曲面形，凸起的墙体与内凹的阳台对比，使整个立面具有起伏流动的感觉，展现了巴洛克艺术所追求的动势，中段通过开间大小的窗、三角形窗罩、拱形窗以及矮柱的重复使用，形成韵律感，基段两层高的列柱又衬托了中段的华丽奢华。上段为宽阔的折线式出檐，屋顶设八角形大亭，上覆绿色穹窿，丰富了中街的天际线，对研究盛京皇城沿线历史建筑街区具有重要的艺术价值、历史价值与文化价值（见表 7-68）。

---

① 始建于 1914 年，初为二层青砖楼房，是当时该街新型楼房的开端。后由留美归国的建筑师穆继多在原址重新设计为四层，是大型商店改建的典型代表，其建筑规模居当时中街地区商业建筑之首。

表 7-68　吉顺丝房旧址价值要素概况

价值要素分类	要素
核心价值要素	建筑立面与门窗样式
	建筑立面分割比例
	方形壁柱样式
	细部装饰与装饰线脚
	栏杆"寿"字变形图案样式
	阳台下方斗拱及象鼻样式
	阳台样式及栏杆细部装饰
	主入口圆柱及柱础、柱头装饰构件
	三角形窗罩、拱形窗及矮柱样式
	屋顶八角形亭子样式
	绿色穹窿色彩及样式

（二十）亨得利钟表眼镜商店

亨得利钟表眼镜商店（20 世纪 20 年代）——沈阳市第六批历史建筑，属于三类历史建筑，位于沈阳市沈河区中街路 137 号。亨得利钟表眼镜商店是沈阳传统商业街中街的重要组成部分，体现了民国时期商业建筑和民居建筑的装饰艺术特征，与周围历史建筑形成民国商业街风貌区，体现了近代建筑的时代特征，对研究盛京皇城沿线历史建筑街区具有重要的艺术价值、历史价值与文化价值（见表 7-69）。

表 7-69　亨得利钟表眼镜商店价值要素概况

价值要素分类	要素
核心价值要素	建筑立面与窗洞口样式
	窗套与窗户组合样式
	立面细部装饰

（二十一）中街路 151 号建筑群

中街路 151 号建筑群（20 世纪 20 年代）——沈阳市第六批历史建筑，位于沈阳市沈河区中街路 151 号，临近长江照相馆、吉顺丝房旧址等历史建筑，属于三类历史建筑，高高突起的山花、女儿墙等细部装饰体现了民国时期中街商业建筑的装饰艺术特征，见证了盛京皇城历史建筑街区在近代的历史演变，对研究盛京皇城沿线历史建筑街区具有重要的艺术价值、历史价值与文化价值（见表7-70）。

表7-70 中街路151号建筑群价值要素概况

价值要素分类	要素
核心价值要素	立面与门窗洞口样式、细部装饰细节
	立面装饰线脚
	顶部装饰细节
	红砖、青砖细部装饰

（二十二）奉天商务总会旧址

奉天商务总会旧址（1903年）①——第三批历史建筑，沈阳市级文物保护单位（2008年），位于沈阳市沈河区朝阳街192号，是近现代重要史迹及代表性建筑物。建筑整体呈东西方向，地上有三层，红砖砌筑，水泥砂浆抹面，外墙有部分浮雕。入口有三层高的柱廊，内部大厅通高三层，二层、三层四周有回廊。该建筑主体结构保存良好，对沈阳工商业发展研究具有重要参考价值，对研究盛京皇城沿线历史建筑街区具有重要的艺术价值、历史价值与文化价值（见表7-71）。

表7-71 奉天商务总会旧址价值要素概况

价值要素分类	要素
核心价值要素	立面与门窗洞口样式、细部装饰细节
	立面装饰线脚
	顶部装饰细节
	红砖、青砖细部装饰
	窗户与立面比例
	立面屋顶檐口、窗洞口装饰构件
	立面砌筑

---

① 清咸丰年间（1851—1861年），盛京省城工商业主们为维护工商业者的共同利益，公议立会，会址设在长安寺内。从光绪元年（1875年）到光绪二十八年（1902年），商会组织一直沿用"公议会"的名称，并逐渐完善。1902年，根据农商部令，公议会改为奉天商务总会。

（二十三）沈阳路 103 号建筑

沈阳路 103 号建筑（20 世纪 20 年代）——沈阳市第二批历史建筑，位于沈阳市沈河区沈阳路 103 号，东记浴新池旧址，为三层楼高的白色建筑，中央拱顶呈弧形，二楼设有阳台，对研究盛京皇城沿线历史建筑街区具有重要的艺术价值、历史价值与文化价值（见表 7-72）。

表 7-72　沈阳路 103 号建筑价值要素概况

价值要素分类	要素
核心价值要素	立面整体比例与尺度
	建筑檐口装饰图案
	建筑底部柱础
	立面窗洞及水平装饰
	门窗划分比例
	入口门柱与门比例
	建筑一层出入口门楣样式
	顶部中央弧形拱顶样式

三、街区外单体历史建筑

（一）工业建筑

1. 肇新窑业公司厂区旧址建筑群

肇新窑业公司厂区旧址建筑群（20 世纪 20 年代至 80 年代）——沈阳市第五批历史建筑，属于三类历史建筑，位于沈阳市大东区沈铁路 39 号。该建筑群是工业建筑①，在沈阳市民族企业中具有代表性，是中国第一个机器制陶厂，在我国陶瓷产业发展史及沈阳近代民族工业发展史上占有重要地位，对研究近代抗日和反殖民历史具有重要价值（见表 7-73）。

---

①　工业建筑，是以工业性生产和储存为主要使用功能的建筑，如生产车间、辅助车间、动力用房、仓储建筑等。

表 7-73　肇新窑业公司厂区旧址建筑群价值要素概况

价值要素分类	要素
核心价值要素	建筑立面与门窗洞口样式
	建筑坡屋顶
	内部屋顶木质空间结构

2. 沈阳第二绒织厂建筑群

沈阳第二绒织厂建筑群（20 世纪 50 年代至 80 年代）——沈阳市第五批历史建筑，属于三类历史建筑，位于沈阳市大东区德增街 19 号。该建筑群是工业建筑，原为沈阳市新利捻织厂（1956 年），是新中国成立初期沈阳市重要的纺织厂之一，在沈阳纺织产业发展史中具有重要地位，现存建筑以大体量的厂房为主，工业建筑特征鲜明（见表 7-74）。

表 7-74　沈阳第二绒织厂建筑群价值要素概况

价值要素分类	要素
核心价值要素	建筑立面与门窗洞口样式
	建筑坡屋顶

3. 东贸库建筑群

东贸库建筑群（20 世纪 50 年代）——沈阳市第五批历史建筑，属于二类历史建筑，位于沈阳市大东区东贸路 20 号。该建筑群是工业建筑，是沈阳市现存建设年代最早、规模最大、保存最完整的民用仓储建筑群，在沈阳乃至东北地区仓储物流业发展史上占据重要地位，建筑技术具有 20 世纪 50 年代仓储建筑特征，曾设有铁路与公路两种物流运输方式，在仓储建筑及仓储园区研究上具有重要价值（见表 7-75）。

表 7-75　东贸库建筑群价值要素概况

价值要素分类	要素
核心价值要素	建筑立面与门窗洞口样式
	墙屋勒脚
	建筑坡屋顶与立面浮柱
	建筑整体空间布局
	建筑室内格局

4. 沈阳第二纺织厂旧址

沈阳第二纺织厂旧址（1956 年）——沈阳市第六批历史建筑，属于三类历史建筑，位于沈阳市大东区东北大马路 73 号。该建筑是工业建筑，融合了现代建筑的设计手法，具有新中国成立初期现代办公建筑的格局与特点（见表 7-76）。

表 7-76　沈阳第二纺织厂旧址价值要素概况

价值要素分类	要素
核心价值要素	平屋顶样式
	窗套样式与色彩
	建筑立面与门窗样式

5. 沈阳市第一冷冻厂冷库

沈阳市第一冷冻厂冷库（1952 年）——沈阳市第五批历史建筑，属于三类历史建筑，位于沈阳市皇姑区明廉路 8 号。该建筑是工业建筑，原为沈阳市食品公司第四车间，是沈阳市现存建设年代最早的冷库建筑，在沈阳冷库建筑史上具有重要地位（见表 7-77）。

表 7-77　沈阳市第一冷冻厂冷库价值要素概况

价值要素分类	要素
核心价值要素	建筑立面
	装饰线脚
	立面窗洞口样式
	建筑内部空间格局

6. 东基厂建筑群

东基厂建筑群（20 世纪 30 年代）——沈阳市第六批历史建筑，属于三类历史建筑，位于沈阳市大东区正新路 42 号。该建筑是工业建筑，厂区历史格局保留完整，建筑类型丰富，在近现代兵工业厂区布局及相关建筑研究上具有重要价值，在现代国家兵器工业发展史中占有重要地位（见表 7-78）。

表 7-78　东基厂建筑群价值要素概况

价值要素分类	要素
核心价值要素	建筑顶部装饰线脚
	立面门窗样式
	建筑坡屋顶
	建筑整体空间布局

7. 东北耐火材料厂旧址建筑群

东北耐火材料厂旧址建筑群（20世纪20年代至80年代末）——沈阳市第四批历史建筑，属于三类历史建筑，位于沈阳市铁西区肇工北街11巷4号。该建筑是工业建筑，原为大信洋行奉天工场，是铁西区最早建设的工业企业之一，在国家耐火材料行业发展中占据重要地位，具有科学技术价值（见表7-79）。

表 7-79　东北耐火材料厂旧址建筑群价值要素概况

价值要素分类	要素
核心价值要素	建筑立面
	圆屋顶结构
	内部顶部结构
	窗洞口样式
	主入口门柱与门洞比例
	立面装饰图案样式及比例

8. 中铁物流公司建筑群

中铁物流公司建筑群（20世纪50年代至70年代）——沈阳市第五批历史建筑，属于二类历史建筑，位于沈阳市铁西区北一西路1号。该建筑是工业建筑，原为沈阳铸造厂部分厂区，该建筑群以大体量工业厂房为主，装备制造业生产特征鲜明，在铸造、电机产业以及工业建筑研究上具有一定价值（见表7-80）。

表 7-80 中铁物流公司建筑群价值要素概况

价值要素分类	要素
核心价值要素	建筑立面
	建筑坡屋顶
	立面门窗洞口及墙屋勒脚样式

(二) 民用建筑

1. 辽宁中医药大学建筑群

辽宁中医药大学建筑群（20 世纪 50 年代）——沈阳市第四批历史建筑，属于二类历史建筑，位于沈阳市皇姑区北陵大街 33 号、燕山路 22 号。该建筑群属于教育建筑①，曾作为辽宁中医学院使用，是新中国成立初期国家在沈阳建设的第一批院校之一，对沈阳地方高校教育发展史具有重要的研究价值，见证了辽宁中医药大学的发展历程，在中医药发展史研究上具有重要意义，具有突出的建筑技术与艺术特征（见表 7-81）。

表 7-81 辽宁中医药大学建筑群价值要素概况

价值要素分类	要素
核心价值要素	门诊楼建筑东、西、南、北立面及门窗洞口
	门诊楼建筑转角处立面
	门诊楼建筑立面片段
	门诊楼阳台栏杆及扶手
	基础楼建筑屋面
	基础楼建筑檐口
	基础楼建筑东、西、南、北立面
	基础楼建筑东、南立面入口
	基础楼建筑东、南立面窗洞口
	基础楼壁柱上方装饰
	基础楼窗洞口下方装饰
	基础楼檐口下方装饰图案
	基础楼窗洞口下方构件
	基础楼门厅处楼梯
	基础楼入口门厅
一般价值要素	门诊楼乔木

---

① 教育建筑，是民用建筑中公共建筑下的一个建筑类别，是指人们为了达到特定的教育目的而兴建的教育活动场所，即高等院校、中小学校、幼儿园等。

2. 沈阳市第四十三中学教学楼及体育馆

沈阳市第四十三中学教学楼及体育馆（1954年）——沈阳市第四批历史建筑，属于二类历史建筑，位于沈阳市皇姑区宁山西路6号。该建筑的教学楼属于教育建筑，体育馆属于体育建筑①，原作为沈阳机车车辆厂第四小学使用，学校功能沿用至今，是20世纪50年代苏式教育建筑的典型代表，具有较高的艺术研究价值（见表7-82）。

表7-82　沈阳市第四十三中学教学楼及体育馆价值要素概况

价值要素分类	要素
核心价值要素	建筑立面及门窗洞口样式
	建筑坡屋顶
	主出入口门洞及立面比例
	房屋勒脚

3. 沈阳职业技术学院建筑群

沈阳职业技术学院建筑群（20世纪40年代至50年代）——沈阳市第四批历史建筑，属于三类历史建筑，位于沈阳市大东区劳动路32号。该建筑群属于教育建筑，原为南满造兵厂技能养成所使用，是沈阳现保存最完整的东北沦陷时期建设的职业教育建筑群，建筑群包含多种建筑类型，是沈阳教育发展与教育建筑历史沿革的重要见证（见表7-83），对研究东北近现代史具有重要意义。

表7-83　沈阳职业技术学院建筑群价值要素概况

价值要素分类	要素
核心价值要素	建筑群空间组成
	个别建筑外置楼梯样式
	建筑外立面及线脚样式
	立面门窗样式
	门、窗洞口样式
	立面与窗比例

① 体育建筑，是民用建筑中公共建筑下的一个建筑类别，包括体育场、体育馆、游泳馆、健身房等。

4. 沈阳有色金属学校旧址建筑群

沈阳有色金属学校旧址建筑群（20世纪50年代）——沈阳市第四批历史建筑，属于三类历史建筑，位于沈阳市沈河区文化东路89号。该建筑群是教育建筑，是新中国成立初期苏式校园建筑的典型代表（见表7-84），见证了沈阳校园建筑的发展历程。

表7-84 沈阳有色金属学校旧址建筑群价值要素概况

价值要素分类	要素
核心价值要素	主立面
	三层阳台铁艺栏杆
	主入口门框
	墙身窗洞口与门划分比例
	窗套与门套样式
	门窗与立面色彩组合形式

5. 葵寻常小学旧址

葵寻常小学旧址（1937年）——沈阳市第二批历史建筑，属于二类历史建筑，坐落于沈阳市和平区南十马路73号。该建筑是教育建筑，体现了近代"满铁"教育建筑的典型模式，建筑呈对称式布局，既可作为教室使用，也可作为礼堂使用，反映了沈阳近代教育发展状况，具有较高的建筑技术与艺术价值（见表7-85）。

表7-85 葵寻常小学旧址价值要素概况

价值要素分类	要素
核心价值要素	南十马路沿街立面
	建筑东、南立面
	建筑坡屋顶及屋脊
	建筑檐口及线脚
	立面窗洞口
	建筑次入口、入口台阶及雨棚
	建筑门窗洞口装饰图案
一般价值要素	建筑主入口、立面、台阶及门窗洞口

6. 沈阳市第四中学教学楼

沈阳市第四中学教学楼（1952年）——沈阳市第二批历史建筑，属于二类历史建筑，位于沈阳市铁西区南九中路41号。该建筑是教育建筑，是苏式建筑的典型代表。建筑呈现坐南朝北的空间格局，建筑结构对称，中部有四层，作为建筑的主入口，东西两侧为三层，坡屋顶有天窗，向北空出一层为大堂，直通建筑三层，大堂两侧为楼梯，室内中间设有走廊，南北两侧作为办公室和教室使用，反映了沈阳现代教育发展状况，具有较高的建筑技术与艺术价值（见表7-86）。

表7-86　沈阳市第四中学教学楼价值要素概况

价值要素分类	要素
核心价值要素	东侧、西侧、南侧、北侧立面划分及开窗形式
	四坡屋顶形式
	南侧立面雕花形式
	北侧立面檐口弧形突出
	门洞口下部浮雕样式
	檐口线脚形式及方形装饰构件
	屋顶老虎窗样式
	北侧入口台阶形式
	二层栏杆扶手形式
一般价值要素	室内吊顶及弧形洞口形式

7. 辽宁省轻工设计院办公楼

辽宁省轻工设计院办公楼（1952年）——沈阳市第四批历史建筑，属于二类历史建筑，位于沈阳市皇姑区泰山路46号。该建筑是科研建筑①，是苏式建筑在中国的典型代表，具有较高的技术与艺术研究价值（见表7-87）。

---

① 科研建筑，是民用建筑中公共建筑下的一个建筑类别，包括实验楼、科研楼、设计楼等。

表 7-87　辽宁省轻工设计院办公楼价值要素概况

价值要素分类	要素
核心价值要素	建筑立面及门窗洞口样式
	主出入口门洞样式及上层阳台、铁艺栏杆样式
	建筑坡屋顶及立面浮雕柱式
	顶部"花"的装饰图案
	立面色彩搭配

8. 沈阳橡胶设计研究院

沈阳橡胶设计研究院（1958 年）——沈阳市第六批历史建筑，属于三类历史建筑，位于沈阳市铁西区兴顺街 9 号。该建筑是科研建筑，承载了我国目前唯一以橡胶软管及橡胶涂覆织物为专业研究方向的院所型企业厂区，具有重要的历史价值（见表 7-88），体现了 20 世纪 50 年代沈阳工业建筑的技术发展水平。

表 7-88　沈阳橡胶设计研究院价值要素概况

价值要素分类	要素
核心价值要素	建筑立面与门窗洞口样式
	房屋勒脚

9. 沈阳化工研究院

沈阳化工研究院（20 世纪 40 年代）——沈阳市第六批历史建筑，属于三类历史建筑，位于沈阳市铁西区沈辽路 8 号。该建筑是科研建筑，原作为南满洲制糖株式会社（1916 年）使用，是国内成立最早的综合性化工科研单位，体现了沈阳作为国家老工业基地的重要地位，承载了我国在化工研究领域的发展历史，见证了铁西区的工业发展与历史演变过程，建筑材料和结构形式具有时代标志性特点（见表 7-89）。

表 7-89　沈阳化工研究院价值要素概况

价值要素分类	要素
核心价值要素	建筑立面及门窗洞口样式
	立面色彩搭配与装饰图案
	建筑坡屋顶

10. 沈阳铸造研究所

沈阳铸造研究所（1952 年）——沈阳市第六批历史建筑，属于三类历史建筑，位于沈阳市铁西区爱工南街 36 号。该建筑是科研建筑，承载了我国铸造技术研发的历史，突出了沈阳在我国工业发展中的重要地位，是铁西工业文化的物质载体，建筑风格与建筑技术均有鲜明的时代特征（见表 7-90）。

表 7-90　沈阳铸造研究所价值要素概况

价值要素分类	要素
核心价值要素	建筑坡屋顶
	建筑立面与门窗洞口样式
	顶部窗洞口开口形式
	建筑色彩

11. 沈飞民品工业有限公司办公楼

沈飞民品工业有限公司办公楼（1950 年）——沈阳市第五批历史建筑，属于二类历史建筑，位于沈阳市皇姑区松山路 11 号。该建筑是办公建筑①，建筑样式及局部装饰上具有新中国成立初期建筑特征和西式建筑细部装饰特征，是沈阳城市历史风貌的重要载体（见表 7-91）。

表 7-91　沈飞民品工业有限公司办公楼价值要素概况

价值要素分类	要素
核心价值要素	建筑立面与门窗洞口样式
	建筑坡屋顶
	顶部装饰线脚
	转角西式柱体样式

12. 东北大学校办工厂办公楼旧址

东北大学校办工厂办公楼旧址（1926 年）——沈阳市第四批历史建筑，属于二类历史建筑，位于沈阳市皇姑区宁山中路 1 号。该建筑是办公建筑，是中国近代办公类建筑的代表，其建筑装饰技巧具有很高的研究价值

---

① 办公建筑，是民用建筑中公共建筑下的一个建筑类别，包括各级政府办公楼，企业、事业、团体办公楼等。

（见表7-92）。

表7-92　东北大学校办工厂办公楼旧址价值要素概况

价值要素分类	要素
核心价值要素	建筑立面
	主出入口门窗洞口样式及装饰线脚
	主立面文字及色彩搭配
	屋顶雉堞样式①女儿墙
	主出入口外置八字形楼梯样式
	屋顶四角攒尖亭样式
	建筑色彩
	主入口门柱样式及柱础、柱头样式

13. 英美烟公司办事处旧址

英美烟公司办事处旧址（1928年）——沈阳市第一批历史建筑，属于一类历史建筑，位于沈阳市沈河区小西路64-8号。该建筑是办公建筑，沈阳市级文物保护单位（2013年），建筑平面呈矩形，建筑布局、体量、屋顶形式、立面色彩、连廊、细部装饰等方面具有科学艺术价值（见表7-93）。

表7-93　英美烟公司办事处旧址价值要素概况

价值要素分类	要素
核心价值要素	建筑檐口上方老虎窗样式
	南立面门窗洞口划分比例及开门、开窗形式
	西立面门窗洞口划分比例及开窗形式
	北立面门窗洞口划分比例及开窗形式
	一层窗洞口窗格划分形式
	二层外廊及窗楣样式
	二层连廊样式
	建筑一层出入口、台阶及门楣样式
	柱头及柱础样式
一般价值要素	阁楼内部空间

---

①　雉堞样式，连续对称的单元齿状矩形是雉堞纹样的基本结构样式。

14. 辽宁省粮食局办公楼

辽宁省粮食局办公楼（1954年）——沈阳市第五批历史建筑，属于二类历史建筑，位于沈阳市皇姑区宁山东路29号。该建筑是办公建筑，原为大北监狱的附属设施，是新中国成立初期办公类建筑的典型代表，建筑立面细部装饰及艺术特征突出，是沈阳城市历史风貌的重要载体（见表7-94）。

表7-94　辽宁省粮食局办公楼价值要素概况

价值要素分类	要素
核心价值要素	老虎窗样式
	建筑立面与门窗洞口样式
	顶部装饰纹样
	立面浮柱与装饰线脚
	建筑坡屋顶
	顶部细部装饰
	窗套装饰细节
	建筑色彩

15. 十纬路14号建筑

十纬路14号建筑（20世纪30年代）——沈阳市第四批历史建筑，属于二类历史建筑，位于沈阳市和平区十纬路14号，在北六经街与十纬路的交叉路口。该建筑是办公建筑，在中国近代办公类建筑中具有典型性（见表7-95）。

表7-95　十纬路14号建筑价值要素概况

价值要素分类	要素
核心价值要素	建筑屋檐样式
	建筑檐口、立面
	墙身壁柱
	窗洞口
	墙身勒脚
	门厅处楼梯、立柱、雨檐
	入口门厅

16. 南乐郊路40号建筑群

南乐郊路40号建筑群（1926年）——沈阳市第四批历史建筑，属于二类历史建筑，位于沈阳市沈河区南乐郊路40号。该建筑群是办公建筑，是全国重点文物保护单位天主教堂的重要组成部分，建筑具有鲜明的艺术特色，

建筑立面具有突出的艺术特征，在沈阳初期办公类建筑中占有重要历史地位
（见表7-96）。

表7-96　南乐郊路40号建筑群价值要素概况

价值要素分类	要素
核心价值要素	建筑南侧外廊柱
	建筑屋顶装饰
	建筑一层窗套、屋檐颜色

17. 辽宁省卫生厅办公楼

辽宁省卫生厅办公楼（1954年）——沈阳市第二批历史建筑，属于二类
历史建筑，位于沈阳市和平区和平南大街82号。该建筑是办公建筑，建筑具
有20世纪50年代新中国成立初期的风貌特征，运用了现代材料去表现传统
建筑，在多层建筑上加歇山顶（见表7-97）。该建筑承载了辽宁省医疗卫生
机构发展史，与辽宁省建筑设计研究院办公楼成组，体现了"社会主义内
容，民族形式"[①] 的时代特征。

表7-97　辽宁省卫生厅办公楼价值要素概况

价值要素分类	要素
核心价值要素	东、西、南、北立面划分及窗洞口样式
	歇山屋顶及老虎窗、烟囱样式
	歇山屋顶檐口及檐下浮雕样式
	西立面八边形窗洞口形式
	东侧主入口重檐庑殿顶及拱券门洞样式
	东侧主入口台阶样式
	东侧主入口脊饰样式
一般价值要素	内部中央大厅空间
	内部中央楼梯

① 1925年，苏共中央通过了《关于党在文学方面的政策》的决议，提出了一切艺术都
有阶级性。苏联建筑界在这个思想的指导下，指出当时流行于西方的现代建筑风格
是资产阶级的，与它对立的是以俄罗斯古典主义风格为代表的无产阶级和民族主
义。由此，古典建筑风格就成为反对资本主义现代建筑风格的有力武器，提出建筑
要"社会主义内容，民族形式"。

18. 大烟馆旧址

大烟馆旧址（20 世纪 20 年代）——沈阳市第四批历史建筑，属于二类历史建筑，位于沈阳市大东区东站街 6 巷 3 号。该建筑是商业建筑①，原为大烟馆，建筑平面布局为回字形。具有传统中式空间的结构特征，在民国时期民间社会生活研究上具有一定价值，人文价值具有明显时代特征（见表 7-98）。

表 7-98　大烟馆旧址价值要素概况

价值要素分类	要素
核心价值要素	四合院空间结构
	建筑坡屋顶样式
	建筑立面窗户样式

19. 江浙会馆旧址

江浙会馆旧址（清代）——沈阳市第一批历史建筑，属于一类历史建筑，位于沈阳市大东区堂子街 10-2 号，邻近培育巷 3 号建筑、堂子庙巷建筑群。该建筑是商业建筑，曾为江浙两省商人共同出资筹建的商业会馆，是沈阳城市历史风貌的重要载体（见表 7-99）。

表 7-99　江浙会馆旧址价值要素概况

价值要素分类	要素
核心价值要素	西厢房立面划分形式
	门窗划分形式
	承重柱
	双排檩条
	山墙端部装饰物
	柱顶部装饰
	窗台装饰构件

---

① 商业建筑，是民用建筑中公共建筑下的一个建筑类别，包括百货公司、超级市场、菜市场、旅馆、饮食店、银行、邮局等。

续表

价值要素分类	要素
核心价值要素	东耳房立面门窗划分形式
	南山墙雨棚及窗口
	砖砌檐口线脚
	木质门连窗
	山墙窗过梁砌筑方式
	木质窗口
	山墙装饰窗口
	硬山屋顶
	灰色瓦屋面
	灰色砌筑砖墙
	分隔形式与窗台形式
	正房入口木门形式
	墙体承重柱
	山墙顶部装饰图案
	窗台构件
	建筑底部柱础
	山墙底部砖雕
	建筑顶部木质构件
	水泥拉毛灰色涂料墙面
	绿沉色木质窗口
	梁顶部装饰构件
	窗台装饰构件
	外墙壁柱样式
	木质红柱护角
	山墙顶部装饰
	左侧窗口划分形式及木质窗口
	中间门窗划分形式及木质门窗
一般价值要素	石材台基及台阶
	树木

20. 黎明饭店旧址

黎明饭店旧址（1953 年）——沈阳市第五批历史建筑，属于二类历史建筑，位于沈阳市大东区善邻路 23 甲号。该建筑是商业建筑，原为黎明饭店，建筑装饰细节具有新中国成立初期的建筑特征（见表 7-100）。

表 7-100　黎明饭店旧址价值要素概况

价值要素分类	要素
核心价值要素	建筑立面与门窗洞口样式
	建筑坡屋顶
	顶部装饰细节
	建筑立面砖砌方式

21. 五一商店旧址

五一商店旧址（1955 年）——沈阳市第六批历史建筑，属于三类历史建筑，位于沈阳市皇姑区宁山东路 30 号。该建筑是商业建筑，是新中国成立初期沈阳主要社区型商业建筑的代表，承载着沈阳人的情感和记忆，具有新中国成立初期典型的建筑结构和形式特征（见表 7-101）。

表 7-101　五一商店旧址价值要素概况

价值要素分类	要素
核心价值要素	沿街立面与门窗样式
	建筑坡屋顶样式
	老虎窗样式
	建筑整体空间格局

22. 陵北饭店旧址

陵北饭店旧址（20 世纪 50 年代）——沈阳市第五批历史建筑，属于二类历史建筑，位于沈阳市皇姑区陵北街 29 号。该建筑是商业建筑，为沈飞公司投资建设的陵北饭店，建筑细节具有新中国成立初期的建筑特征，是沈阳城市历史风貌的重要载体（见表 7-102）。

表 7-102　陵北饭店旧址价值要素概况

价值要素分类	要素
核心价值要素	建筑坡屋顶
	建筑色彩
	顶部细部装饰
	立面门窗洞口样式

23. 东基俱乐部

东基俱乐部（1944 年）——沈阳市第四批历史建筑，属于三类历史建筑，位于沈阳市大东区文官街 68 号。该建筑是观演建筑①，原为日本陆军造兵厂南满分厂电影院，新中国成立后沿用电影院功能，是沈阳现存规模最大的近代观演类建筑（见表 7-103）。

表 7-103　东基俱乐部价值要素概况

价值要素分类	要素
核心价值要素	建筑"山"形平面形态
	主建筑两侧突出建筑样式
	顶部窗洞口组合方式
	建筑坡屋顶圆形方式
	建筑立面门窗洞口样式

24. 沈阳有色金属加工厂俱乐部旧址

沈阳有色金属加工厂俱乐部旧址（1957 年）——沈阳市第四批历史建筑，属于三类历史建筑，位于沈阳市苏家屯区惠兰街 3 号。该建筑是文娱建筑②，是沈阳有色金属加工厂早期组成建筑之一，是苏式建筑在中国文娱类建筑的典型代表，具有重要的技术与艺术研究价值（见表 7-104）。

---

① 观演建筑，是民用建筑中公共建筑下的一个建筑类别，是具有供观众观赏歌舞、戏曲、电影、杂技等功能的建筑，如剧院、电影院、音乐厅、马戏杂技院、曲艺场等。

② 文娱建筑，是民用建筑中公共建筑下的一个建筑类别，是指供人们开展文化、体育、娱乐等活动的场所，包括电影院、剧院、音乐厅、影城、会展中心、展览馆、博物馆等。

表 7-104　沈阳有色金属加工厂俱乐部旧址价值要素概况

价值要素分类	要素
核心价值要素	建筑立面与门窗洞口样式
	窗户与窗套组合形式
	建筑坡屋顶样式
	烟囱与屋顶细部装饰
	出入口门与立面比例

25. 辽宁人民会堂

辽宁人民会堂（1959 年）——沈阳市第五批历史建筑，属于二类历史建筑，位于沈阳市皇姑区北陵大街 45-5 号。该建筑是文娱建筑，是 20 世纪 50 年代辽宁省大型公共建筑的典型代表，在当代辽宁政治、体制发展中具有重要地位和历史研究价值（见表 7-105）。

表 7-105　辽宁人民会堂价值要素概况

价值要素分类	要素
核心价值要素	建筑立面与窗洞口样式
	立面装饰线脚与细部装饰
	主出入口门柱样式
	顶部"花"的装饰图案样式
	两边装饰平台

26. 中苏友谊宫旧址

中苏友谊宫旧址（1952 年）——沈阳市第二批历史建筑，属于二类历史建筑，位于沈阳市和平区北五经街 21 号。该建筑是文娱建筑，具有新中国成立初期公共建筑的典型风格，是"社会主义内容、民族形式"建筑的典型代表，是中苏友谊的历史见证。建筑用现代材料表现传统建筑形式，具有装饰艺术性和时代代表性（见表 7-106），彰显了 20 世纪 50 年代东北建筑技术的水平和能力。

表 7-106　中苏友谊宫旧址价值要素概况

价值要素分类	要素
核心价值要素	南立面处理方式及门窗洞口位置、样式及尺度
	南侧主入口绿琉璃瓦屋样式
	南侧主入口檐口及斗拱样式
	南侧主入口屋顶上脊饰样式
	南立面浮雕及女儿墙檐头样式
	南立面女儿墙檐头上脊饰样式
	南侧主入口台基及台阶样式
	南侧主入口柱子及壁柱的位置、样式、色彩
	南入口、顶部装饰彩画样式
一般价值要素	东立面划分及门窗洞口样式
	东、西立面窗上方浮雕样式
	东、西侧入口样式
	室内观演空间

27. 黎明文化宫

黎明文化宫（1956 年）——沈阳市第四批历史建筑，属于二类历史建筑，位于沈阳市大东区和睦北一路 37 号。该建筑是文娱建筑，是新中国成立初期大型影院的代表性建筑，对沈阳地方文化设施与影院建设具有重要的研究价值（见表 7-107）。

表 7-107　黎明文化宫价值要素概况

价值要素分类	要素
核心价值要素	建筑主立面
	建筑出入口拱门样式
	建筑立面门窗样式
	建筑色彩
	建筑顶部文字与两边装饰

28. 翟家俱乐部

翟家俱乐部（1964 年）——沈阳市第六批历史建筑，属于三类历史建筑，位于铁西区翟家村西南角。该建筑是文娱建筑，是 20 世纪 60 年代农民娱乐活动的公共建筑，是该时期农村大跨度公共观演建筑的典型代表，具有一定的科学价值与历史价值（见表 7-108）。

表 7-108　翟家俱乐部价值要素概况

价值要素分类	要素
核心价值要素	建筑立面与门窗洞口样式
	主出入口"凸"字形平面形状
	建筑坡屋顶
	建筑颜色

29. 北陵大街 66 号建筑

北陵大街 66 号建筑（20 世纪 30 年代）——沈阳市第五批历史建筑，属于二类历史建筑，位于沈阳市皇姑区北陵大街 66 号。该建筑是文娱建筑，曾经是日本关东军航空军官俱乐部，日本宪兵队秘密机关所在地。新中国成立后改为辽宁省北陵饭店即辽宁省公安厅招待所。该建筑在日本侵华史研究中具有重要地位和价值（见表 7-109）。

表 7-109　北陵大街 66 号建筑价值要素概况

价值要素分类	要素
核心价值要素	建筑立面与门窗洞口样式
	部分"U"形建筑平面
	建筑坡屋顶

30. 沈阳高压开关厂俱乐部

沈阳高压开关厂俱乐部（1958 年）——沈阳市第三批历史建筑，属于三类历史建筑，位于沈阳市铁西区景星北街 38 号。该建筑是文娱建筑，是中国最早生产高压开关的专业工厂，是铁西老工业区现存唯一完整的机械制造类生产集聚区，具有计划经济工业厂区功能构成与生产空间布局的时代特征（见表 7-110）。

表 7-110　沈阳高压开关厂俱乐部价值要素概况

价值要素分类	要素
核心价值要素	建筑东、西、南、北立面及门窗洞口
	建筑外部管道设施
	建筑内部结构
一般价值要素	承重结构排列方式

31. 友谊宾馆建筑群

友谊宾馆建筑群（20世纪50年代至70年代）——沈阳市第四批历史建筑，属于二类历史建筑，位于沈阳市皇姑区黄河北大街1号。该建筑群是旅馆建筑①，历届国家领导人都曾在此居住，空间布局具有现代园林式建筑特征，是辽宁省仅存的现代园林式建筑群，具有较高的技艺与艺术价值（见表7-111）。

表7-111 友谊宾馆建筑群价值要素概况

价值要素分类	要素
核心价值要素	主入口门窗洞口及装饰线脚样式
	主出入口门柱样式及二层阳台样式
	立面装饰细节
	建筑坡屋顶
	建筑整体空间格局

32. 大北街37号建筑

大北街37号建筑（20世纪20年代）——沈阳市第五批历史建筑，属于二类历史建筑，位于沈阳市大东区大北街37号。该建筑是医疗建筑②，曾作为红旗卫生院使用，沿街立面艺术特征突出，体现了沈阳近代建筑中西合璧的建筑技术与艺术特征（见表7-112）。

表7-112 大北街37号建筑价值要素概况

价值要素分类	要素
核心价值要素	建筑立面与门窗洞口样式
	建筑坡屋顶
	建筑色彩
	顶部窗户与细部装饰

---

① 旅馆建筑，是民用建筑中公共建筑下的一个建筑类别，包括旅馆、宾馆、招待所等。
② 医疗建筑，是民用建筑中公共建筑下的一个建筑类别，包括医院、门诊部、康复中心、急救中心、疗养院等。

33. 东北陆军医院门诊楼旧址

东北陆军医院门诊楼旧址（1924年）——沈阳市第一批历史建筑，属于一类历史建筑，位于沈阳市大东区北海街234号。该建筑是医疗建筑，原为东北陆军医院使用，是医疗发展史的代表性建筑，在沈阳城市医疗历史沿革中具有重要地位，具有较高的历史价值、科学价值（见表7-113）。

表7-113　东北陆军医院门诊楼旧址价值要素概况

价值要素分类	要素
核心价值要素	建筑平屋顶及水平挑檐
	屋顶水平装饰线脚
	建筑北立面及门窗洞口
	建筑东、西、南立面
	北立面出入口及台阶
	北立面一层东、西侧窗洞口
	北立面二层西、东侧及中间窗洞口
	东立面一层窗洞口
	南立面一、二层窗洞口
	南立面入口中间立面
	科林斯柱头、柱础（无色）
	南立面入口石砌台阶
	室内空间划分
	室内门窗、走廊
	室内楼梯栏杆及大理石踏面
	南立面入口科林斯柱式
	室内楼梯扶手
	室内楼梯扶手细部

34. 一五七医院建筑群

一五七医院建筑群（1937年）——沈阳市第五批历史建筑，属于二类历史建筑，位于沈阳市于大东区民强三街1号。该建筑群是医疗建筑，原作为日本陆军造兵厂南满分厂医院使用，与近现代重要兵工厂有密切关系，是日本对华实施殖民统治的重要实证，是沈阳红色文化中警示教育的重要组成部分，在近代医院建筑研究上具有一定价值（见表7-114）。

表7-114　一五七医院建筑群价值要素概况

价值要素分类	要素
核心价值要素	建筑立面与门窗洞口样式
	建筑坡屋顶

35. 奉天皇姑屯医院旧址

奉天皇姑屯医院旧址（1923年）——沈阳市第一批历史建筑，属于二类历史建筑，坐落于皇姑区天山路211号。该建筑是医疗建筑，建筑平面呈不规则形状，建筑体量、立面尺度、开窗形式及细部装饰具有科学与艺术价值（见表7-115）。

表7-115　奉天皇姑屯医院旧址价值要素概况

价值要素分类	要素
核心价值要素	建筑屋顶样式
	南侧立面划分比例与门窗洞口样式
	东侧立面划分比例与门窗洞口样式
	北侧立面划分比例与门窗洞口样式
	西侧立面划分比例与门窗洞口样式
	南侧窗洞口样式及窗洞口过梁
	西侧檐口线脚及砌筑样式
	南侧檐口线脚、砌筑样式及通风口
	屋顶烟囱
一般价值要素	墙体"一顺一丁"① 砌筑样式

36. 日本陆军造兵厂南满分厂警察局旧址

日本陆军造兵厂南满分厂警察局旧址（20世纪30年代）——沈阳市第五批历史建筑，属于二类历史建筑，位于沈阳市大东区文官街61-1号。该建筑是司法建筑②，原作为日本陆军造兵厂南满分厂警察局使用，现沿用警

---

① 又称"满丁满条"，指一层砌顺砖、一层砌丁砖，相间排列、重复组合的砌筑方式。
② 司法建筑，是民用建筑中公共建筑下的一个建筑类别，包括法院、看守所、监狱等。

局功能，是沈阳现存规模最大的近代警察局建筑，对研究近代警察局建筑与警察管理体制具有一定价值（见表7-116）。

表7-116 日本陆军造兵厂南满分厂警察局旧址价值要素概况

价值要素分类	要素
核心价值要素	建筑立面样式
	建筑门窗洞口样式
	建筑坡屋顶样式

37. 大北监狱警备连驻地及食堂

大北监狱警备连驻地及食堂（1954年）——沈阳市第五批历史建筑，属于二类历史建筑，位于沈阳市大东区新生二街15号。该建筑是司法建筑，原为大北监狱的附属设施，是辽宁省最重要的监狱，在监狱管理体制研究上具有重要价值（见表7-117）。

表7-117 大北监狱警备连驻地及食堂价值要素概况

价值要素分类	要素
核心价值要素	建筑立面与门窗洞口
	建筑坡屋顶
	窗户与窗套样式
	门套样式

38. 姚千户警察署旧址

姚千户警察署旧址（1908年）——沈阳市第六批历史建筑，属于三类历史建筑，位于沈阳市苏家屯姚千户屯站东北侧。该建筑是司法建筑，曾是日本殖民东北时，在铁路附属地设置的公共管理机构，与姚千户屯站有着密切的关系，建筑采用木梳背①砖砌平拱方式，对研究"满铁"建筑的发展有一定价值（见表7-118）。

---

① 木梳背，起拱弧度形如老式木梳背部曲线。

表 7-118　姚千户警察署旧址价值要素概况

价值要素分类	要素
核心价值要素	建筑立面与门窗样式
	砖砌方式

39. 沈飞消防队旧址

沈飞消防队旧址（20 世纪 50 年代）——沈阳市第六批历史建筑，属于三类历史建筑，位于沈阳市皇姑区莲花山路与陵北街交会处。该建筑是司法建筑，保留了"一五"计划时期建筑的主要特征，与三台子工人住宅组成完整建筑群，曾在 20 世纪 50 年代作为工人集中住宅的消防设施用房，是沈阳城市历史风貌的重要载体（见表 7-119）。

表 7-119　沈飞消防队旧址价值要素概况

价值要素分类	要素
核心价值要素	建筑屋檐样式
	建筑檐口、立面
	墙身壁柱
	窗洞口
	墙身勒脚
	门厅处楼梯、立柱、雨檐
	入口门厅

40. 奉海站警署旧址

奉海站警署旧址（20 世纪 20 年代）——沈阳市第五批历史建筑，属于二类历史建筑，位于沈阳市大东区工农路 371 号。该建筑是司法建筑，原作为奉海铁路奉天车站警署使用，是近代东北地区民族工商业崛起、抵制殖民经济入侵的重要实证，在近代铁路管理体制研究上具有一定价值（见表 7-120）。

表 7-120　奉海站警署旧址价值要素概况

价值要素分类	要素
核心价值要素	建筑坡屋顶
	建筑立面

41. 皇姑屯站警署旧址

皇姑屯站警署旧址（1907 年）——沈阳市第四批历史建筑，属于三类历史建筑，位于沈阳市皇姑区天山南路 21 号。该建筑是司法建筑，是奉系军阀执政时期的警署，在沈阳自营铁路沿线的铁路建筑中具有一定的技术与艺术价值，对研究近代青砖建筑的技术与工艺具有较高价值，是传统青砖材料近代化的蓝本（见表 7-121）。

表 7-121　皇姑屯站警署旧址价值要素概况

价值要素分类	要素
核心价值要素	建筑立面
	立面门窗、洞口样式及装饰线脚
	立面浮雕立柱

42. 万泉公园广播塔

万泉公园广播塔（20 世纪 20 年代）——沈阳市第六批历史建筑，属于三类历史建筑，位于沈阳市大东区万泉公园内。该建筑是通信广播建筑①，具有鲜明的艺术特征，立面设计简明（见表 7-122），具有近代城市公园的人性化建筑设计理念。

表 7-122　万泉公园广播塔价值要素概况

价值要素分类	要素
核心价值要素	立面及装饰样式
	顶部细部装饰

43. 碧塘公园花窖

碧塘公园花窖（1939 年）——沈阳市第四批历史建筑，属于三类历史建筑，位于沈阳市皇姑区长江街 15 号碧塘公园内。该建筑是园林建筑②，是碧塘公园风貌的重要组成部分，具有中西建筑空间结构特征（见表 7-123），是存量较少的近代园林类建筑。

---

① 通信广播建筑，是民用建筑中公共建筑下的一个建筑类别，包括电信楼、广播电视台、邮电局等。

② 园林建筑，是民用建筑中公共建筑下的一个建筑类别，包括公园、动物园、植物园、亭台楼榭等。

176

表 7-123　碧塘公园花窑价值要素概况

价值要素分类	要素
核心价值要素	建筑立面
	主出入口立面浮雕门柱样式
	门窗洞口样式
	内部月亮门样式
	建筑坡屋顶样式
	内部中西结合空间结构
	天窗样式

44. 新城堡钟亭

新城堡钟亭〔清咸丰八年（1858 年）〕——沈阳市第六批历史建筑，属于三类历史建筑，位于沈阳市沈北新区新城子顺洲路。该建筑是园林建筑，是清代石砌建筑的代表之一，具有重要的历史与科学研究价值（见表 7-124）。

表 7-124　新城堡钟亭价值要素概况

价值要素分类	要素
核心价值要素	钟厅顶部装饰纹路样式
	钟厅立柱样式
	挂钟样式
	正面石枋雕刻"大清咸丰八年溜花月榖旦日"字样
	柱刻楹联"钟音唤醒苦海梦迷人，鼓声惊动尘寰名利客"字样

45. 皇姑屯英国工程司旧址

皇姑屯英国工程司旧址（20 世纪初）——沈阳市第四批历史建筑，属于三类历史建筑，位于沈阳市皇姑区珠江街沈铁房 2067 号。该建筑是居住建筑①，建筑整体为青砖砌筑，砖混结构，整体空间呈"L"形，是中国自营铁路沿线服务性建筑的典型代表，彰显了当时工匠对服务性建筑在技术与艺术上精益求精的品格追求，体现了中式建筑与西式建筑在空间结构上的有机结合，在沈阳近代住宅建筑中有重要地位和艺术价值（见表 7-125），记录

---

① 居住建筑，供人们居住使用的建筑。

了京奉铁路借英国洋债筑造铁路和受到英国管控的史实。

表 7-125 皇姑屯英国工程司旧址价值要素概况

价值要素分类	要素
核心价值要素	立面门窗洞口样式
	烟囱样式
	立面装饰线脚

46. 吉祥四路传统民居

吉祥四路传统民居（20 世纪 20 年代）——沈阳市第六批历史建筑，属于三类历史建筑，位于沈阳市大东区吉祥四路北、吉祥三路南、洮昌街东、辽沈一街西。该建筑是居住建筑，具有传统民用建筑造型美观大方、砌筑工艺精巧的特征，砌筑手法与装饰在该时期的传统民居中具有代表性，反映了该时期的艺术审美特点与社会审美取向，是沈阳城区范围内现存较为集中的传统民居聚集区，也是沈阳近代民族自建城市新区（奉海工业区内）现存不多的传统民居建筑，承载了奉海工业区建设开发的历史，对研究沈阳近代传统民居有重要的研究价值（见表 7-126、7-127、7-128、7-129、7-130、7-131、7-132）。

表 7-126 吉祥四路传统民居 1 号、2 号建筑价值要素概况

价值要素分类	要素
核心价值要素	两坡屋顶形式
	南立面样式及门窗洞口位置
	1 号东山墙立面样式
	2 号西山墙立面样式
	落地式烟囱及外墙挂壁柱样式
	建筑之间拱形券门样式
	屋面小青瓦及檐口样式
一般价值要素	烟囱位置及样式
被遮挡价值要素	2 号北立面加建建筑
	1 号、2 号南立面加建建筑
已消失价值要素	2 号小青瓦双坡式屋顶

表 7-127 吉祥四路传统民居 3 号、4 号、5 号、6 号建筑价值要素概况

价值要素分类	要素
核心价值要素	两坡屋顶形式
	6 号北立面样式及门窗洞口位置
	5 号西山墙立面样式
	5 号屋顶木桁架样式
	5 号山墙细部及檐口样式
	4 号东山墙立面样式
	4 号木结构屋顶细部样式
一般价值要素	烟囱位置及样式
被遮挡价值要素	3 号、4 号、5 号北立面加建建筑
已消失价值要素	5 号小青瓦双坡式屋顶

表 7-128 吉祥四路传统民居 8 号建筑价值要素概况

价值要素分类	要素
核心价值要素	两坡屋顶形式
	西立面山墙样式
	屋瓦样式
被遮挡价值要素	8 号南立面加建建筑

表 7-129 吉祥四路传统民居 9 号建筑价值要素概况

价值要素分类	要素
核心价值要素	两坡屋顶形式
	南立面及门窗洞口形式
	南立面、西山墙立面样式
	立面青砖"一顺一丁"砌筑方式，山墙博缝样式
	建筑之间券门样式及砌筑方式
	屋顶、屋脊及檐口样式
一般价值要素	烟囱位置及样式
被遮挡价值要素	北立面加建建筑
	（建筑之间券门）南立面后期贴面及加建

表 7-130 吉祥四路传统民居 7 号、11 号建筑价值要素概况

价值要素分类	要素
核心价值要素	两坡屋顶形式
	11 号西立面及门窗样式
	7 号、11 号南立面山墙样式及"鸿禧"文字样式
	7 号建筑东立面及门窗位置
	建筑门窗洞口砌筑样式
	屋顶、屋脊及檐口样式
被遮挡价值要素	7 号东、南立面加建建筑

表 7-131 吉祥四路传统民居 12 号、13 号建筑价值要素概况

价值要素分类	要素
核心价值要素	两坡屋顶形式
	12 号、13 号北立面样式及门窗洞口位置
	12 号东山墙立面样式
	13 号南立面、西山墙立面及门窗洞口样式
	立面青砖"一顺一丁"砌筑方式，山墙博缝样式
	建筑之间券门样式
	屋顶、屋脊及檐口样式
一般价值要素	烟囱位置及样式
被遮挡价值要素	12 号、13 号南立面加建建筑

表 7-132 吉祥四路传统民居 14 号建筑价值要素概况

价值要素分类	要素
核心价值要素	歇山顶形式
	南立面样式
	西山墙立面样式
	西立面门窗洞口样式
	山花及博缝样式
	檐口样式
一般价值要素	烟囱位置及样式
被遮挡价值要素	东立面围墙
	北立面加建建筑

47. 百花山路工人住宅区

百花山路工人住宅区（1956年）——沈阳市第五批历史建筑，属于二类历史建筑，位于沈阳市皇姑区牡丹江街东、百花山路南、陵北街西、芙蓉山路南北两侧。该建筑是居住建筑，在空间布局、功能组织上体现了社会主义制度与意识形态，建筑装饰具有东西方融合的特征，建筑艺术价值较高，是沈阳市现存新中国成立初期工人住宅建筑风貌保存最好、空间格局保留最完整的居住片区，在居住区规划与住宅建筑研究上具有重要价值，是沈阳城市历史风貌的重要载体（见表7-133）。

表7-133　百花山路工人住宅区价值要素概况

价值要素分类	要素
核心价值要素	建筑勒脚
	窗套浮雕花纹样式
	烟囱样式
	建筑坡屋顶
	二、三层铁艺栏杆与阳台样式
	窗户与窗套组合样式
	建筑立面与门窗洞口样式
	出入口门框样式
	顶部细节装饰与立面浮雕花纹

48. 松山路工人住宅区

松山路工人住宅区（1950—1960年）——沈阳市第六批历史建筑，属于三类历史建筑，位于沈阳市皇姑区牡丹江街东、莲花山路南、柳江街西、松山路北。该建筑是居住建筑，是围合式建筑群，建筑对称布局，形成有效的社区边界，集中体现社会主义的先进性，具有"一五"计划时期工人住宅的特点，建筑装饰具备东西方融合的特征，具有一定的艺术价值和时代特征（见表7-134）。

表 7-134 松山路工人住宅区价值要素概况

价值要素分类	要素
核心价值要素	三层阳台、铁艺栏杆及窗套样式
	建筑立面、门窗及细部装饰
	老虎窗与烟囱
	建筑坡屋顶
	顶部装饰图案

49. 沈伯符公馆旧址

沈伯符公馆旧址（1925 年）——沈阳市第一批历史建筑，属于一类历史建筑，位于沈阳市沈河区大南街华岩寺巷 14 号。该建筑是居住建筑，公馆设计采用大量古典主义构件和手法，建筑立面为典型的三段式，建筑外部檐口、窗台、栏杆以及室内装饰做工精美华丽，是民国时期奉系军阀在沈阳建造的一系列官邸建筑的遗存之一，是奉系军阀统治沈阳这一特殊历史时期的重要见证，具有较高的历史价值与艺术价值（见表 7-135）。

表 7-135 沈伯符公馆旧址价值要素概况

价值要素分类	要素
核心价值要素	平屋顶加女儿墙屋顶形式
	屋顶上部烟囱形式及比例尺度、烟筒下对应烟道
	屋面上人楼梯间形式及比例尺度
	建筑南立面（入口）比例及尺度
	西立面比例及尺度
	檐口装饰线脚形式及比例尺度
	窗洞样式及周边装饰构件
	阳台及黑色铁艺栏杆
	南立面两侧装饰壁柱形式及细部装饰
	南侧主入口爱奥尼柱①及细部装饰
	建筑勒脚样式、尺度及砌筑方式

---

① 爱奥尼柱式，源于古希腊，是希腊古典建筑的三种柱式之一（另外两种是多立克柱式和科林斯柱式），特点是比较纤细秀美，又被称为女性柱，柱身有 24 条凹槽，柱头有一对向下的涡卷装饰。

价值要素分类	要素
一般价值要素	室内一层楼梯及楼梯间洞口形式
	室内三层楼梯及门洞形式及装饰
	室内二层楼梯间椭圆形窗洞及木质窗套
	室内二层楼梯扶手处金属雕花装饰栏杆

50. 陶然巷建筑群

陶然巷建筑群（20世纪30年代）——沈阳市第四批历史建筑，属于二类历史建筑，位于沈阳市沈河区青年大街82号、82-4号、82-5号、82-6号，北一经街25号。该建筑群是居住建筑，记录了沈阳近代住宅建筑由传统向现代的转变，对研究沈阳近现代住宅建筑具有一定科学价值（见表7-136）。

表7-136　陶然巷建筑群价值要素概况

价值要素分类	要素
核心价值要素	老虎窗样式
	建筑坡屋顶样式
	建筑墙身勒脚
	墙身窗洞口划分比例
	绿色锥形屋顶

51. 和睦路工人村建筑群

和睦路工人村建筑群（20世纪50年代）——沈阳市第三批历史建筑，属于二类历史建筑，位于大东路和睦路地区，北临和睦北二路，南临和睦南一路，西邻地坛街，东临黎明四街。该建筑群是居住建筑，住宅建筑类型丰富，见证了新中国成立初期工人住宅建设发展历程，在居住区规划与住宅建筑研究上具有重要价值，在空间布局、功能组织上体现了社会主义制度与意识形态，建筑装饰具有东西方融合的特征，建筑艺术价值较高（见表7-137），是沈阳城市历史风貌的重要载体。

表 7-137 和睦路工人村建筑群价值要素概况

价值要素分类	要素
核心价值要素	建筑入口形式
	建筑立面窗口形式
	屋顶檐口处雨棚构件
	建筑一层窗口外部装饰
	屋顶檐口形式
	建筑立面窗口形式
	檐口顶部装饰
	窗口上方装饰构件
	建筑入口上方浮雕构件
	建筑立面门窗洞口划分形式
	入户单元顶部窗口上部雕花
	单元入口上方麦穗雕花
	单元门顶部檐口线脚形式
	建筑墙身线脚
	拱券及门楣雕花形式
	老虎窗
	檐口底部多重线脚及雕花形式
	建筑立面竖向、纵向装饰壁柱
	单元入口形式
	单元入口上方窗口上沿雕花
	横向建筑立面窗口形式
	檐口样式
	北侧建筑立面二楼窗洞口尺度与形式
	二楼阳台形式
	窗台砌筑形式
	单元入口上方矩形窗洞口

价值要素分类	要素
核心价值要素	南侧立面檐口顶部装饰构件
	单元入口拱门形式
	单元入口上方方形窗洞口雕刻花纹
	檐口底部形式
	北侧立面檐口顶部装饰构件
	建筑立面窗口形式
	门楣雕刻图案
	单元入口上方顶部五角星花纹浮雕
	山墙窗口形式
一般价值要素	雨水管

52. 高井铁工所旧址建筑群

高井铁工所旧址建筑群（20 世纪 40 年代至 50 年代）——沈阳市第五批历史建筑，属于二类历史建筑，位于沈阳市大东区和睦路 4 号。该建筑群是居住建筑，原为高井铁工所，曾作为沈阳二战盟军战俘营战俘劳工车间使用，对世界反法西斯战争史研究具有重要意义，新中国成立后被黎明公司[①]使用，为我国航空工业的发展提供研究性内容，对沈阳历史建筑街区历史风貌的构成具有重要价值（见表 7-138）。

表 7-138 高井铁工所旧址建筑群价值要素概况

价值要素分类	要素
核心价值要素	门窗洞口及线脚样式
	内部屋顶建筑结构
	建筑坡屋顶

53. 于学忠会馆旧址

于学忠会馆旧址（1928 年）——沈阳市第二批历史建筑，属于二类历史建筑，位于沈阳市和平区北五经街 17 号。该建筑是居住建筑，建筑平面呈

---

① 黎明公司，即沈阳黎明航空发动机集团有限责任公司（1954 年），是国家"一五"时期建立的第一家航空发动机制造企业。

"中"字形，建筑具有中西建筑结构特征，在传统材质与样式、细部装饰及空间结构形式上具有科学艺术价值（见表7-139）。

表7-139　于学忠会馆旧址价值要素概况

价值要素分类	要素
核心价值要素	南立面划分及门窗洞口形式
	东立面划分及门窗洞口形式
	北立面划分及窗洞口形式
	西立面划分及窗洞口形式
	南立面台阶、入口及上部雨搭形式
	南立面爱奥尼柱形式
	东立面入口及上部雨搭形式
	立面窗洞口及上部装饰形式
	建筑屋顶檐口及线脚形式
	建筑立面浮雕形式
	建筑立面隅石形式
一般价值要素	墙身勒脚及窗洞口形式
	建筑内部楼梯形式

54. 七纬路36号建筑

七纬路36号建筑（民国时期）——沈阳市第二批历史建筑，属于二类历史建筑，处于沈阳市沈河区七纬路36号。该建筑是居住建筑，建筑具有西式的居住空间组合和造型特征（见表7-140），在沈阳近代独立式住宅类型中具有代表性。

表7-140　七纬路36号建筑价值要素概况

价值要素分类	要素
核心价值要素	南立面划分及门窗洞口
	建筑二层坡屋顶及烟囱
	南立面二楼露台门窗洞口
	建筑主入口、台阶及勒脚
	东立面窗洞口

价值要素分类	要素
核心价值要素	建筑立面窗洞口
	建筑一层坡屋顶
	建筑屋顶檐口及线脚
	东部建筑部分立面及门
一般价值要素	建筑立面勒脚
	建筑内部楼梯
	建筑地下室空间
	建筑地下室楼梯
	建筑内部空间

（三）其他类别

1. 1102 厂水塔旧址

1102 厂水塔旧址（1959 年）——沈阳市第五批历史建筑，属于二类历史建筑，位于沈阳市大东区东北大马路 301 号。曾作为中国人民解放军 1102 工厂内水塔使用，是 1102 厂现存唯一一处构筑物①，也是新中国成立初期沈海工业区②的一部分，体现了新中国成立初期工厂内水塔类构筑物的艺术与技术特征，具有一定艺术价值（见表 7-141）。

表 7-141　1102 厂水塔旧址价值要素概况

价值要素分类	要素
核心价值要素	立面门窗洞口开口样式
	整体空间布局

2. 皇姑屯火车站水塔

皇姑屯火车站水塔（清代末期）——沈阳市第五批历史建筑，属于一类

---

① 构筑物，就是不具备、不包含或不提供人类居住功能的人工建造物，如水塔、水池、过滤池、澄清池、沼气池等。
② 沈海工业区是沈阳市政府推动的一个重要的经济发展项目，旨在推动与促进沈阳市经济发展。沈海工业区的建设工程包括基础设施建设、交通建设、环境保护、商业发展等。

历史建筑，位于沈阳市皇姑区北一东路云峰街至兴华街之间。该构筑物原作为京奉铁路皇姑屯站水塔使用，是沈阳市现存最早的水塔，也是唯一一座以石、木饰面的水塔，建筑技术与艺术价值突出（见表7-142），与中英合建的京奉铁路密切相关，在京奉铁路及沈阳地方铁路发展史研究上具有重要价值。

表7-142　皇姑屯火车站水塔价值要素概况

价值要素分类	要素
核心价值要素	立面样式
	内部空间布局

3. 沈阳给水站水塔

沈阳给水站水塔（1950年）——沈阳市第二批历史建筑，属于一类历史建筑，位于沈阳市铁西区沈阳站西广场。该构筑物前身为木质水塔（1909年），塔身为圆柱形，上部有圆形封闭蓄水池，下部塔身为供水设施。由12根柱子支撑，表面为素混凝土原色。外表保存较好，建筑风格独特，与周围其建筑物相比显得高大壮观。具有苏式建筑风格，有一定的历史价值与科技价值（见表7-143）。

表7-143　沈阳给水站水塔价值要素概况

价值要素分类	要素
核心价值要素	水塔立面尺度、形式与材质
	水塔顶部圆形蓄水池形式
	水塔壁柱顶部样式
	水塔顶部檐口线脚形式
	水塔混凝土柱式线脚形式
	水塔顶部装饰构件
	水塔混凝土柱式弧形样式
	水塔立面窗洞样式
	水塔底部入口样式

第二节 沈阳历史建筑街区发展现状

一、人流与交通流现状

（一）车流量与交通流量成正比

交通路网密集性、交通方式丰富程度、交通安全系数是考核历史建筑街区逐步修缮与优化的重要指标，街区路网铺设完整程度越高，吸引街区商铺入驻效力越强，周边居民区基础设施建设越完善。在街区运营过程中所产生的经济价值与街区交通系统健全程度以及街区人流量日均值之间存在密切的关系，三种因素相互影响形成良性链接。路网丰富且人流量大的历史建筑街区经济效益往往较高，可持续发展时间相对长远。通过观察中山路沿线历史建筑街区相同路段不同时间节点的车流量变化，发现中山路观测路段（AB两点标记）约6时A点与B点路段均无明显颜色，路段车辆较少；约8时A点路段呈现黑白相间的颜色，即车辆较多，路况拥挤且车辆行驶缓慢，车辆主要集中于中山广场与西南路段之间，B点路段路况呈现白色，即车辆行驶缓慢，车辆有拥挤趋势（见图7-4）；约12时B点路段进入拥堵阶段，A点路段以白色阶段为主，车辆缓行；约15时A点路段车辆保持缓行，B点路段拥堵状况严重（见图7-5）；约18时A、B两点部分路段均呈拥堵状况；约21时A、B两点路段进入交通顺畅状况（见图7-6）。

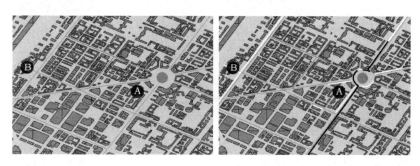

图7-4 约6时（左）、8时（右）中山路沿线历史建筑街区部分路段路况预测

由此可知，中山路沿线历史建筑街区在整体上具有丰富的建筑群的情况下，街道上的功能更加完备，人流量更大，车辆更多。中山路主干道即A点路段的利用率较 B 点路段更高，车流量相比 B 点路段更多，道路两侧建筑功能更加齐全；B 点路段作为街区支线路段，道路面积较 A 点路段相对较窄，道路两侧住宅建筑较多，中低端商业建筑分布在住宅周围（见图7-7）。

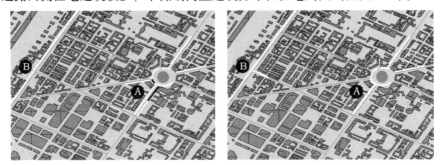

图7-5　约 12 时（左）、15 时（右）中山路沿线历史建筑街区部分路段路况预测

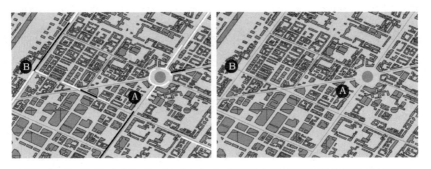

图7-6　约 18 时（左）、21 时（右）中山路历史建筑街区部分路段路况预测

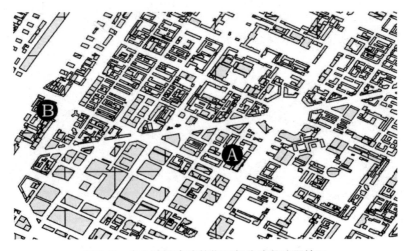

图7-7　中山路历史建筑街区部分路段路网情况

（二）人流量与交通流量成反比

中街是人流量较大但车流量较小的商业区域，商业街的区域功能比较单一，人流指向比较明显，主要以购物、餐饮和运动为主。人流通过商业街的主线向两边的购物中心进行转移，从而形成了一个将人流从水平方向转移到垂直方向的格局。由于人流量过大，导致车辆通行不便，降低了驾驶人员在中街南北向的通行意愿，且中街单行道为了保证步行街内的行人安全，增加了车辆的通行半径，导致了中街交通流量和人流量成反比的现象发生。

二、街区公共空间现状

（一）街巷空间

街巷空间是指公共空间和建筑空间的结合，体现出社区的文化特质，既能使街区的历史文化得以延续，又能增强街区的生命力，从而形成的独特的场所形象。街巷空间可以从物质形式上对其进行整理，其作用大致如下：

交通作用——改善街巷封闭状态。盛京皇城沿线历史建筑街区街巷走势内繁外简，街道两侧的建筑物结构相连，构成了街巷，街巷之间互相连通，构成街区。其中步行街处于核心位置，公共活动丰富，街巷空间构成了建筑—建筑、建筑—街道、街道—街道之间互通的网络。盛京皇城沿线历史建筑街区历史街巷约有 67 条[1]，街区交通主线 4 条呈"井"字形将街区分为 9 个部分，以"盛京皇城·百年中街"为核心的产业发展格局，明确了街巷空间属性，突出以"文化+"为长远发展目标的"文化+金融、文化+旅游、文化+商贸、文化+科技"的四个"文化+空间"构成。

经济活动——小微空间挖掘利用。街巷空间在街区进行系统保护、整体更新等各种活动过程中产生大量小微空间，小微空间的利用包括街巷本身的空间、建筑与建筑之间的空间、街巷与建筑之间的空间。利用闲置用地活化小微空间经济，丰富街巷内经济活动，吸引街巷外游客进行消费活动，给历史建筑街区的小微空间赋予经济功能，修补街区建设中的空白地带，完善街巷整体性与系统性构建。

社会文化生活——前店后坊、下店上住是中山路沿线历史建筑街区与盛

---

① 于也童. 沈阳启动盛京皇城综合保护利用工程 [EB/OL]. 新华网，2020-04-20.

京皇城沿线历史建筑街区商铺建造的基本模式，商家的活动领域由店铺空间逐渐延伸到了外部开放空间。公共空间成为社区居民社会和文化活动的重要场所，为居民的节庆活动提供了社会活动公共平台，促进了历史建筑街区传统文化的发扬和民俗的传承。

（二）院落空间

沈阳院落空间的整体性与个体性体现在名人公馆、宅邸、传统院落的建筑空间之中，陈云故居、宁武故居、赵尔巽公馆、穆继多公馆、汤玉麟公馆等名人故居是沈阳城市微观肌理的构成要素之一，反映出特定时期上层人士对院落空间严谨、冷静、高要求的生活方式，民居、四合院等传统的院落反映的是普通民众平静、忙碌、低姿态的生活状态，具有很强的地域性。院落空间是由建筑以及建筑围合、限定而形成的一种组织体系，庭院的空间被清晰分割，与街巷、广场不同，这是一个更加私人的公共空间。

（三）广场空间

广场作为比较私密的公共空间，具有时代性、大众性、地域性、安全性、可持续发展性等属性。历史建筑街区及周边广场，附加经济、文化、娱乐、健身等属性，遵循人性化原则，打造符合大众日常生活习惯的广场——公共活动广场、集散广场、交通广场、纪念性广场、商业广场和综合性广场。

三、街区遗产保护现状

沈阳历史建筑街区内的历史遗存多采取开放式、开发再利用等方式，如沈阳站附近多处历史建筑修建为银行、行政办公场所，此类场所庄严肃穆，建筑周围不易出现拥挤等危险状况，能够满足人们的基本服务需求；中山路沿线历史建筑街区西侧与东侧支路路口交会处的历史建筑，以及和睦路沿线历史建筑街区的工人村建筑群，转型成为商业建筑的历史建筑数量较多。前者高端商场、公司分布有序，车流量庞大，后者低端商铺嵌入其中，保障民生。

因此，沈阳历史建筑街区在风貌形成和功能演变的过程中，多数历史遗存遵循着"开放式"和"居改商"的发展路径，由原来的严肃属性，逐渐转变为兼具严肃性、人性化、开放性三种属性的混合型公共服务设施。

开放空间和商业业态是历史建筑街区公共服务设施发展的前提和基础。历史建筑街区作为近代城市重要的功能分区之一，其形成和发展不仅与政治经济联系紧密，还受到文化传统、民族习俗等因素影响，形成具有时代特征和地域特色的开放空间和商业业态。

在《中华人民共和国国民经济和社会发展第十四个五年规划和 2035 年远景目标纲要》与《不断做强做优做大我国数字经济》中，习近平总书记强调数字化的建设与普及对沈阳市具有重要意义与作用。统筹培育壮大"新字号""五型经济""4+1"主导产业，强化"数字+""文化+"等手段，产业数字化、数字产业化是沈阳市历史建筑街区新时期的发展方向，以沈阳著名商业步行街中街为主要规划对象，通过数字全景、AR 等数字化手段，将中街历史文化嵌入动态图像中，打造全新"夜景"，升级感官体验，进一步实现人与街区的文化性、经济性、沉浸性结合，从数字化管理到数字化体验，实现生活方式新的飞跃。利用自身文化、精神属性，将历史重现以吸引现代青年群体感悟历史，体会城市精神，如铁西工业区，对闲置老旧工厂进行文化内涵开发，保护建筑框架，再现老工厂精神样貌。

第三节　沈阳历史建筑街区存在问题的表象

一、风貌受到破坏

（一）商业店招私自搭建

商家为增强店铺宣传往往选择通过海报招贴、广告灯牌、墙体装饰物等方式突出店面增加客流，此类店招具有色彩艳丽、元素夸张、形式丰富等特点，与历史建筑的匹配度低，与历史建筑街区的文化兼容性差。如中山路沿线历史建筑街区中奉天旅馆旧址所在位置，建筑左右两侧沿街立面受到店招影响严重，历史建筑主体的能见度很差，对街道的特色造成了极大的破坏。

（二）交通信号灯不美观

首先，交通流动性高的历史建筑街区受到影响最大，以中山路为例，因其路网呈辐射状，多为三岔口，交通信号灯易遮挡建筑外观，使其难以被全局刻画。其次，受机动车通行和非机动车行驶的影响，交叉口交通环境复杂，各路口交通环境存在一定的差异。

（三）建筑元素违规利用

在历史建筑的开发与利用中，对门窗改造、窗改门、门窗洞口扩大或封堵、墙体改造、楼板地板更换等方式存在违规改造利用现象。为满足改造建筑的商业性能，针对安保、保暖、行走安全等问题，对门窗进行铝合金装修，对墙体进行加固、布线，致使现代性元素与历史建筑本身气质不兼容，"出戏"情况严重，不利于街区风貌的保护。

（四）周边建筑破坏风貌

以中山路137号周边建筑环境为例，周边建筑多高于137号建筑，包括住宅、医院、写字楼等，周边建筑人流量大、人员密集，街区路段的建筑功能庞杂；周边建筑颜色与137号建筑搭配不协调，存在感官上的美感缺失。

二、功能负荷严重

（一）历史街区特色不鲜明

街区承载了多种开发形式导致街区特色不突出，街区内历史建筑没有受到合理开发与利用，并且历史建筑的再利用忽略了建筑自身的文化传播开发，在功能负荷掩盖建筑特色的同时也忽略了街区特色发展，出现乱而杂的局面，导致历史建筑街区缺失历史韵味。

（二）街区空间布置不合理

街区空间结构不清晰导致街区内公共设施分布不均、部分街巷拥堵、水电供给不足，这不仅给历史建筑带来安全隐患，也影响了居民及游客的生活与观光体验。混杂错乱的空间结构割裂了历史建筑街区整体规划的持续发展理念，不利于街区长期的运营与发展。

（三）构筑物形象不连续

沿街历史建筑立面风貌受到绿植影响，出现季节性街区景观，中山路两侧历史建筑风貌受到影响，街区整体景观连续性缺失，历史建筑形象在空间形态上被割裂。街区交叉路口的交通设施及电缆同样影响街角历史建筑的风貌，空间上的公共服务设施很难融入时代特征较强的街区之中，一定程度上影响了历史建筑街区文化信息的输出。

三、基础设施薄弱

（一）交通设施不健全

由于历史建筑街区大多位于市中心，交通拥堵是一个普遍存在的问题。这些街区内的道路狭窄导致车辆通行困难，因此游客往往需要步行或者选择其他交通工具，无法满足游客方便快捷的出行需求。

（二）公共设施不完善

历史建筑街区内缺少公共厕所、垃圾桶等基础设施，给游客的出行和旅游带来很多不便，游客在街区内游览时如果需要使用公厕，往往需要走较远的路程才能找到，尤其是不能及时解决老年游客和小孩子的生理需求。

（三）安全设施不完备

沈阳历史建筑街区内的建筑大多是砖木结构与砖混结构，存在环境安全、物品安全、用电和火灾等安全隐患。历史建筑街区内的消防设施相对薄弱，缺乏灭火器、消防栓等设备，将给游客的安全带来很大隐患。

四、交通可达性低

（一）人流量过大

低端店铺主要分布在和睦路工人村及八卦街等居住区，居民聚集于街区内及周边，居住区周围的市场形成了早、中、晚三个阶段的人群聚集，除了满足周边居民的生活需求外，还为周边商户、居民及过路人提供了一个消费服务的地方。由此形成的步行街拥有更多的功能，游客在其中进行消费、娱乐和休憩等行为。与小型市场相比，人们在其中停留的时间要长得多，人的流动也要多得多，这就构成了步行街人流密集的街道景观。

（二）车流量过大

街区路网分布"四通八达"，虽然历史建筑群实行"一核"多区的管理体制，但在同一时段内，主干道上的多条支路仍然会出现一些区域的拥堵，三岔路口的大量增建是导致交通拥堵的一个重要因素。

（三）共享单车无停放处

共享自行车和电动车的不规范停放，不仅会对交通产生干扰，还会对历史建筑街区的整体风貌产生破坏，更会带来一些安全问题。沈阳共享单车除冬季外，日均出行分担率为10%，最高日均出行量200万人次①，在解决城市交通问题的同时，也对街区的环境和居民的幸福指数产生了一定的影响。公共交通站点、地铁口、商业中心、景观路等停车需求大的区域，缺乏有效的停车管理，无法满足城市居民的日常生活需要，对于街巷路周边人流量、车流量大，道路交会情况多的地段共享车辆的及时补充情况较差。

（四）单向路段迟缓

道路单行可以提升路网的通达能力，但是在历史建筑街区的内部街巷中，单行在某种程度上会导致居民和游客之间的冲突，对街区的游览舒适性产生负面的影响，特别是在路网分布比较稀疏的地方，人们无法利用多条支线来选择其他的通行路段。

五、投资收益缓慢

（一）项目包装设计平庸

将商业发展作为首要目标的项目，缺少文化内涵；没有将历史建筑街区内容作为表现出来的项目，与城市发展的总体理念和新时代下城市发展的人文素养和人居环境的需求不符。将这些共性问题分别对应于历史建筑街区自身，如复杂的交通网络引起的街区交通拥堵、未经合理规划的地下管线引起的地表凹凸不平、网络不够普及引起的生活质量下降、历史建筑老化影响街区的美感和安全以及基础设施老化和缺乏等，都是亟待解决的普遍性问题。再如古色古香的街区为了便于游人驾车出行而加宽了人行道，使得"商铺—街巷—商铺"构成的"空间"被现代的信息侵蚀，"街区"的历史韵味被破坏，"街区"的文化气韵被打破，成为"普普通通"的商业街，失去了历史建筑街区的个性。

---

① 推进碳达峰碳中和扎实城市绿色出行［N］. 中国青年报，2022-11-24（4）.

（二）持续更新进程缓慢

将"共生""共享"作为历史建筑街区永久建设和发展的理念，在本质上缺乏民众与街区之间关联性和互动性的经济基础。人们对活动的热情参与，与历史建筑街区持续更新的速度成正比，人们的参与性越高，街区的活力越强，第一时间就能获取到信息，街区不断更新的有利因素就会更加真实和有效。历史建筑街区的更新进程缓慢导致其无法实现人群与街区内建筑物、公共设施、商家店铺和环境等要素进行信息的双向传递，致使历史建筑街区常规化、老化的现象不断发生。

（三）街区地位逐渐偏移

随着社会空间结构的持续重构，过度开发在短期内无法给街区带来经济利益，因此，较多历史商业街区都在陆续进行居民搬迁，这在某种意义上造成历史建筑街区文脉与价值内核的丧失，从而导致街区的文化价值、科学价值和商业价值都受到了不同程度的损害。在社会结构持续演变的过程中，历史商业街区也在慢慢地蚕食着街区的延续性和城市记忆的传承，这对街区文脉的保护造成了威胁，街区的地位也在慢慢地降低。

第四节　沈阳历史建筑街区存在问题的本质

一、政策机制问题

（一）政策支持力不够

沈阳市政府机关对历史建筑街区的关注还不够充分，"重商业，轻文化"的问题还比较突出，政府机关虽然制定了一系列的规划政策，但是没有制定相应的保护和更新措施。沈阳城市历史风貌区的规划建设与发展，大多依赖各级政府的主导，现有的政策扶持无法适应大型企业承包式街区单位的建设与发展，城市有关职能部门"多管齐下""齐抓共管"的工作格局尚未形成。

2021 年 11 月，沈阳被批复为第一批城市更新试点城市，伴随城市更新进程的不断发展，关于城市更新的相关政策陆续审议出台——《沈阳市城市更新管理办法》（2021 年）、《沈阳市数字政府建设三年行动方案（2021-

2023 年）》、《沈阳市国有土地上房屋协议搬迁与补偿办法（征求意见稿）》（2021 年）、《沈阳市城市更新管理办法（征求意见稿）》（2021 年）等，这些文件在建设规划管理中，对非营利性质的公共服务项目，按照新增的 20% 给予容积率奖励，而不提高土地价格。对于公益项目具有一定支持力度，但对于非公益项目缺失界定范围。在资金使用范围及支持方式方面，资金将用于城市规划中的重点更新工程，支持城市功能、服务、生态、文化品质等方面的建设，包括但不限于土地更新、配套设施完善、生态环境提升等。对于大类项目的资金分类进行说明，忽略了历史建筑街区在城市更新中的重要作用。

（二）政策措施不协调

历史建筑的保护与城市发展的土地使用之间的冲突日益加剧，在城市发展的进程中，由于政策上缺乏对历史建筑的开发和利用的有关规定，使社会和企业产生了一种错觉，认为历史建筑的开发无须考虑其原有的真实性，开发商们只注重项目的最大利益，而没有用长远的、发展的眼光看待历史建筑区域开发和有效使用等问题。政策中的历史建筑物、历史构筑物、具有历史风貌的建筑物、陈列设施以及具有历史说明意义的标志和说明，都需要得到政策的明确支持。

（三）管理体制不完善

在沈阳市城乡建设局、沈阳市自然资源局、沈阳市财政局、沈阳市房产局、沈阳市市政公用局、沈阳市卫生健康委员会、沈阳市生态环境局和沈阳市商务局之间，缺乏一个能够有效地促进项目进度、减少能耗、调动各方投入资金的第三方中介组织。各单位之间缺乏及时协调，项目实施的时间增加，消耗了企业和政府的精力，消减了企业投资与建设热情。

二、项目定位问题

（一）文化品位不足

历史建筑街区的开发避免不了消费活动，餐饮、娱乐能最快拉动街区的人流量与经济流量，然而历史建筑街区不能充分利用自身文化条件，容易造成资源浪费、过度开发、文化信息流失等问题。

沈阳市最早期的商业中心太原街商铺众多，以太原街的百货商店为核心，向东、向西分布着酒店、饭店、影院等。但随着"满城"片区的拆除，太原街上的东北饭店、东北电影院、菜市场（圈楼）、新华书店、外文书店、园路餐厅等商业品牌纷纷从该街区撤离。太原街西侧的伊势丹与太原街东侧的东舜百货、五洲春天、北京华联超市同质化问题普遍，运营管理亟待完善。

（二）品牌意识不强

历史建筑街区中的自然资源、文化资源、生态资源、人文特色和经济发展水平是街区竞争力及街区品牌定位的核心价值本源。现阶段，沈阳历史建筑街区仍存在商业同质化、特色普遍化、环境扁平化的问题，街区的地域性特点缺失直接影响历史建筑街区旅游品牌价值定位，街区发展缺少政府、企业、行业协会的主导，导致街区旅游品牌缺少关联性，街区内商品存在竞争关系，商铺之间排他现象严重，不利于街区品牌的树立与发展。

沈阳历史建筑街区品牌形象同质化严重，旅游产品以满族文化和明清文化为主，商品买卖以资源消费为主，易被取代，缺少竞争优势。由于主题意象陈旧、内容单调，游客不能真正体会到文创产品本身的特点，更不能从消费中得到充分的体验和记忆。沈阳历史建筑街区品牌化相对于国内外先进城市街区品牌化进程来说还处在起步阶段，具有一定影响力的街区品牌较少。街区内的旅游商品管理不足，深层加工不足，对街区核心区域的旅游产品缺乏补充和升级。

（三）文化习俗不浓

雅俗共赏的文化场所是大众娱乐休闲与人民群众生活密切相关的公共空间。历史建筑街区文化习俗体现在与游客的互动方式上，简单的售卖方式无法加深大众对文化习俗的深刻记忆，文创产品也只是简单的置换包装，无法达到文化习俗内涵与群众共情。民俗文化在构成历史建筑街区旅游商业街景的同时，也是促进城市经济发展的重要标志。发展民间文化项目、重视发展次生经济、科学地推广民间文化、建设民间文化发展平台，对提高沈阳旅游经济具有不可替代的重要作用。

沈阳太原街与中街相对比，前者不仅没有最大程度地保留历史建筑的特色，使历史街区逐渐丧失文化价值；还因为太原街内的文化习俗没有被开发与利用起来，街区商业不成体系，结构杂乱无章；文化习俗的逐渐缺失使街区丧失原本活力。

三、融资渠道问题

（一）资本结构单一

在历史建筑街区的改造中，大量的资金投入一直是最大的问题。街区更新改造需要的资金总量很大，如果缺乏科学的融资方式和畅通的融资渠道，往往会造成财政资金"投不起"、居民和社会资本不愿投入、后期管理经费不足等问题。然而单一的投融资方式迫使投资方产生巨大压力，也会造成项目"难产"。政府财政资金往往用于基础配套设施类项目建设，在程序、数量和期限上都有很多障碍。企业与居民的资金需要明确项目受益人身份，传统的投资方式主要依靠资本运行项目。事实证明，资本结构单一所造成的街区结构复杂混乱、产业扁平化发展与内部资源消耗流失等问题，需要政府扮演主导者，起到把握目标方向的作用，才能拓宽投资融资渠道。

（二）资金运营短缺

首先，在历史建筑街区商业板块的开发利用中，经营管理人员的观念主要是以历史文化遗产为市场资金吸引大批的旅游者，依靠其历史建筑或历史风貌建筑的外观来"打卡"，实现"网红化"，资金使用分配出现头重脚轻、分配管理不均的情况。并且，历史建筑街区保护与更新是一项长期工作，由于保护运营经费的限制，保护工作的开展处处受到制约。其次，主体利益的模糊不清常常使社区陷入环境恶化甚至逐渐消亡的境地，最终向商业发展妥协以获得片面保护。最后，由于我国历史建筑街区的保护与更新管理制度还没有得到完善、规范，缺乏对街区的强制措施与技术规范，导致街区的保护与更新改造未能得到长期有效的管理与控制，缺乏街区商业开发与建设模式的有效制约与引导，迫使历史建筑街区的文化价值、科学价值、艺术价值被不断侵蚀。

四、运营管理问题

（一）设施建设不足

座椅、休息亭等休闲设施的人性化设计，既能改善步行道的空间品质，又能为行人提供较好的休息环境。2021 年上半年，中街最高日客流量近 150

万人次，公共座椅的数量无法满足大量游客想要短暂休憩的愿望，最终如花坛、雕塑、商场台阶等设施成为游客的临时休息场地。基础设施需要在历史建筑街区运行开放的过程中不断改善，座椅、休息亭等休闲设施的人性化设计既能改善步行街的空间品质，又能为行人提供较好的休息空间。

（二）宣传手段单调

2021 年 12 月 21 日，沈阳市评选了"最受欢迎的沈阳十大特色街区"——北市场文化商贸特色街区、太原街步行街、西塔街、中山路欧风街、中街步行街、五爱市场街区、青年大街现代商贸聚集区（文艺路—博览路）、兴华街综合商业街、吉祥汽车主题商业步行街和赛特奥莱欧洲风情购物街区。总结上述较知名的历史建筑街区，其商业风格均具有时代特征，青年现代化元素渗入其中，能够吸引不同年龄层次的游客光顾，但以上历史建筑街区都缺乏对历史建筑的宣传，忽视了历史建筑街区中文化价值的宣传。在数字信息交流快捷的今天，单纯宣传历史建筑街区的文创产品、环境布景、商铺数量等并不能深入地开发街区资源，没有将历史建筑的背后故事、街区历史故事、非遗文化传承故事融入其中，无法从根本上改善街区宣传不到位的问题。

（三）商业思路趋同

首先，历史建筑街区的商业入驻为街区商业结构增加了强有力的资本支撑，但街区商业思路多以个体出发，街区同规模、同类别、同定位的品牌或商铺过多之后就容易出现街区商业同质化问题，进一步导致商业定位趋于低端，而且，街区两旁建筑多用于饮食、特产、饰品和大型商场，会过度吸引游客流量，造成街区风景"无人"欣赏、街区风貌"无人"探索的现象。其次，品牌方及商铺的加入并没有融入街区文化之中，关联不大的商铺无法长期吸引游客注意力。

（四）运营模式老套

历史建筑街区应成为城市发展的特色，不应一味地照搬商业街区的运营模式。在街区内强行植入商业，使其转化为特色商业街区，会出现摩天大楼取代原有小门面、现代购物中心取代老字号商铺、欧美风取代民族风的现象。无论是修复还是重建，其根本问题在于街区运营模式始终围绕商业街区的开发模式，毫无创新可言（见表 7-144）。

表 7-144　一般街区型商业有三种定位模式

运营要点	模式构成		
	模式一 主力店+商业街模式	模式二 次主力店+商业街模式	模式三 纯商业街模式
建筑特征	集中式商场+商业街	小型集中式商业+商业街	单层或者双层的商业街
业态组合	超市+商业街 社区型购物中心+商业街 超市+百货+商业街	便利型商业+次主力店集合（餐饮、健身、美容、图书、电器等）	多种类型的社区商业独立经营，餐饮类、休闲类、服务类、服装饰品类、食品杂货类等，没有引入大型主力店

第八章　沈阳历史建筑街区价值评价建构

第一节　现有价值评价体系问题

一、评价适用范围狭窄

在沈阳历史建筑现有的价值评价体系中缺少针对性标准与方法，历史建筑街区的保护发展和修复开发之间缺乏联系。由于历史建筑被归类为街区中的单独个体，致使历史建筑的价值含量降低，割裂了历史街区与历史建筑二者之间相辅相成的共生关系。21世纪以来，沈阳试行与发布的关于历史建筑、历史街区、文化街区的保护与开发内容比较宽泛（见表8-1），评价适用范围比较狭窄，对于企业和投资单位可自主实施的空间较小。

表8-1　现有历史街区及历史建筑保护与开发相关价值评定体系

名称	评价适用范围
《沈阳市地上不可移动文物和地下文物保护条例》（2005）	文物保护单位、非文物建筑物、构筑物
《沈阳市历史建筑认定办法》（2013）	历史建筑
《沈阳市牌匾标识设置管理规定》（2016）	建筑物名称牌匾标识
《沈阳市人民政府办公厅关于保护利用老旧厂房拓展文化空间的指导意见》（2018）	文化空间、历史文化名城、老旧厂房
《沈阳市历史文化名城保护行动实施方案（2019—2021年）》（2019）	历史建筑保护修缮
《沈阳市夜经济示范（特色）街区认定标准》（2020）	夜经济街区
《沈阳市历史文化街区和历史建筑保护管理办法》（2020）	历史文化街区、历史建筑的建（构）筑物
《沈阳市历史建筑修缮管理办法》（2021）	历史建筑保护修缮

二、评价指标量化粗略

石圆圆（2012 年）采用层次分析法，对沈阳商业性历史景观从历史价值、社会价值、艺术价值、学术价值、实用价值等方面进行评定划分；安琳莉（2019 年）将景观文化作为街区文脉传承的重要指标，从物质层元素与非物质层元素对景观文化进行价值分析；吕丹娜（2019 年）总结对历史文化街区的价值认定应从历史文化特色价值、历史街区、历史名人、重大事件的相关度、文化街区历史文化延续性等方面进行量化评定；吕丹娜（2020 年）在量化评定的基础上，加入对文化街区的价值认定，将沈阳民国文化街区的价值认定标准概括为对民国建筑遗存、民国特色街区景观改造、科技运用、民国文化生态等方面的构建。在历史建筑街区指标分类方面，大多存在概括化、宽泛化、价值分类普遍化的问题（见表 8-2）。

表 8-2   国内代表性历史建筑价值评价体系

评价体系	研究学者	提出时间	评价客体	评价方法
我国建筑遗产评估方法研究	梁雪春	1998	建筑遗产	层次分析法 模糊多层次综合评判法
建筑遗产可利用性评估	杳群	2000	建筑的可利用性	层次权重决策分析法 计算机统计程序辅助
基于 FCA 的近代建筑文化价值分级评价研究	温日琨	2001	近代建筑	模糊聚类—综合评判法
我国城乡历史地段综合价值的模糊综合评判	梁雪春等	2002	历史地段	模糊综合评判法
旧工业建筑再利用价值评估	李丽	2006	工业建筑	层次分析法 物元理论
历史建筑保护导则与保护技术研究	汝军红	2007	近代建筑	专家综合评议法 层次分析法 价值效用法
外滩历史建筑群保护价值评估体系	王德等	2008	历史建筑群	条件评估法（Contingent Valuation Method, CVM）
西安近代建筑的价值评估	符英	2010	近代建筑	层次分析法 专家调查法
晋南全国重点文物古建筑价值评估方法	张湃	2010	古建筑	主观判断法 层次分析法

三、价值评价标准模糊

《中国历史文化名镇名村评价指标体系》（2010 年）是针对国家历史文化名城和中国历史文化名镇名村制定的申报标准，体系内指标具有概括性强、包容性广的特点，对于极具地方历史特色的城市，体系内指标的地方性特征具有局限性。沈阳应挖掘更多具有历史文化特色、艺术科学价值的历史建筑街区，以历史建筑街区典型特征为量化指标，对沈阳历史建筑街区价值评价进行细致化处理。

四、评价系统过于单一

沈阳历史建筑街区评价系统过于单一，缺乏多维度考虑，现行的管理系统不能适应不断发展和变革的时代要求，需要采取更加积极的方式进行管理。评价系统应考虑到沈阳历史建筑街区的文化、历史、建筑、环境、社会和经济等多方面，更应充分考虑社会各方面的需求和意见，充分反映历史建筑街区的价值和意义。在评价历史建筑街区时，采用量化和质化相结合的方法，能够充分反映历史建筑街区的特征性和复杂性。评价系统应具有可操作性和实用性，便于相关部门和机构对历史建筑街区进行保护和更新。

第二节　建立沈阳历史建筑街区价值评价体系

一、价值评价主体

（一）沈阳历史建筑

本次价值评价的主体是沈阳市中山路沿线和盛京皇城沿线历史建筑街区内已被公布为历史建筑的建（构）筑物。通过历史建筑的价值认定、文化遗产保护指标、现状条件评价、保护管理措施四个方面对历史建筑街区的价值特色展开评价。

（二）沈阳历史街区

本次价值评价的主体为沈阳市中山路沿线和盛京皇城沿线历史建筑街区，并从街区内部表现力、外部感染力和周边吸引力三个角度评价历史建筑街区的开发潜能和途径。

二、价值评价指标

在已有历史街区价值评价标准的基础上，将影响沈阳市历史建筑街区活化利用的相关因素纳入评价指标之中，并将其划分为价值认定、文化遗产保护指标、现状条件评价、保护管理措施四个层次，其中二级指标和量化指标参照曹迪（2018年）古镇的发展应结合周边区域整体联动，保护与更新应在原真性的理念下注重本地化、日常化风貌的延续；参照窦寅（2021年）对长三角各市"十四五"规划文本进行网络分析及文本语义分析；参照《杭州特色商业街区形象评价标准》（2012年）价值评价标准可以从价值认定、价值量化指标、街区现状条件及街区保护管理措施方面对某一类别街区形象的价值标准进行设计。根据沈阳市历史建筑街区现状和目前研究资料，运用定量和定性相结合的方法对沈阳历史建筑街区价值要素进行分类量化，从而得出沈阳历史建筑街区价值评价体系。引入高效、动态的大数据分析方法，提高评价指标的可操作性和科学性，从经济、社会两方面探索高效、集成、动态化的数据收集方法。通过宜出行、百度热力地图等渠道获得城市居民的分布；通过大众点评、百度旅游、马蜂窝和携程旅行等旅游平台获得评论类的数据；利用百度街景、腾讯街景等实景拍摄平台进行街景采集，使评价指标更加丰富。本研究建立的沈阳历史建筑街区价值评价体系共有定性指标13项，量化指标39项（见表8-3）。

表8-3 沈阳历史建筑街区价值评价标系表

一级指标	二级指标	量化指标
价值认定	历史性价值要素	悠久性
		稀缺性
		历史事件
		历史名人影响力
	科学性价值要素	科普教育性与学术考察性
		完整度
		典型度
		特殊度
		合理度

续表

一级指标	二级指标	量化指标
价值认定	艺术性价值要素	街区表现力
		街区感染力
		街区吸引力
文化遗产保护指标	文物保护指标	其他物质文化遗产①
		非物质文化遗产
	历史建筑指标	街区内历史建筑数量
		核心保护区历史建筑数量
		历史风貌建筑数量
		历史建筑单体数量
现状条件评价	实用性	历史建筑可利用程度
		历史建筑街区安全卫生
		历史建筑街区基础设施
		交通可达性
	真实性	当地居民比例
		风貌保持状况
	环境性	受污染程度
		植被比例
		与周边环境协调性
	开发性	历史建筑再利用比例
		旅游区位条件
	参与性	居民参与程度
		街区容量承载能力

---

① 其他物质文化遗产指除历史建筑外，被公布为文物保护单位、已登记为不可移动文物的建筑物、构筑物。

续表

一级指标	二级指标	量化指标
保护管理措施	保护规划	保护管理规划编制与实施机制
	保护机制	保护管理办法制定
		保护管理机构成立
		保护管理人员培训
		保护管理资金占比
	保护与运营	登记、建档、挂牌比例
		街区内公示栏建设
		保护标志数量

历史建筑街区各项指标评分原则采用连续自然数赋分法——最高分为5分，最低分为1分，量化指标与定性指标的作用类型均呈正相关，各项所得分数作为历史建筑街区价值评价得分结果，具体量化指标如下：

（一）价值认定

历史性价值要素涉及历史建筑街区的悠久性、稀缺性、历史事件、历史名人影响力等基于遗产实体而存在的价值要素，用于分析历史建筑街区的历史价值。

历史建筑街区历史沿革与发展历程最悠久5分，民国前建设4分，民国时期建设3分，新中国成立后建设2分，近十年建设1分；历史建筑街区特色在城市及所有历史建筑街区中稀缺或唯一5分，稀缺且周边相似街区较少4分，稀缺并作为原完整历史街区中具有独立特色的一部分3分，稀缺并且周边存在一定数量的相似街区2分，稀缺且作为原完整历史街区中较小一部分1分；历史建筑街区发生重要历史事件较多5分，一般3分，较少1分；历史建筑街区内名人故居分布数量较多5分，一般3分，较少1分。

科学性价值要素涉及历史建筑街区的科普教育性与学术考察性、完整度、典型度、特殊度、合理度，适用于评价历史建筑街区的教育人文价值。

历史建筑街区中历史遗迹、文学价值、文脉传承要素的种类数量丰富5分，一般3分，较少1分；历史建筑街区保存的社会民俗、非遗文化、老字号等种类数量丰富5分，一般3分，较少1分；在同类型历史建筑街区中最具代表性5分，一般3分，较少1分，历史建筑街区在城市和所有历史建筑街区中不可复制且唯一 5 分，一般 3 分，较少 1 分；历史建筑街区与周边修复及改建的合理性最高 5 分，植入元素融合一般 3 分，植入元素显性度低 1 分。

艺术性价值要素体现为历史建筑街区中历史建筑的文化价值，从街区表现力、街区感染力、街区吸引力来展现历史建筑的文化价值。

历史建筑提升街区形象塑造具有象征意义 5 分，重要意义 3 分，一般意义 1 分；街区感染力指大众对历史建筑认识的认同感和崇拜感，很浓厚 5 分，较浓厚 3 分，较低 1 分；街区吸引力指历史建筑在城市与所有历史街区中的美观、艺术感，美观度高、有艺术感 5 分，美观度一般 3 分，美观度较低 1 分。

（二）文化遗产保护指标

文化遗产保护指标包含文物保护指标和历史建筑指标。

文物保护指标用于体现历史建筑街区内其他物质文化遗产与非物质文化遗产的数量。其他物质文化遗产数量排名占城市遗产数量的 50% 及以上为 5 分，数量占比 40%～49% 为 4 分，数量占比 30%～39% 为 3 分，数量占比 20%～29% 为 2 分，数量占比 20% 以下为 1 分；非物质文化遗产数量排名在城市遗产数量排名最高 5 分，数量排名为中间位置 3 分，数量排名最低 1 分。

历史建筑指标体现历史建筑街区内历史建筑的价值与数量，街区内历史建筑数量在所有历史建筑街区中排名最高 5 分，排名在中间位置 3 分，排名最末 1 分；核心保护区历史建筑数量排名最高 5 分，排名为中间位置 3 分，排名最末 1 分；历史风貌建筑数量排名最高 5 分，排名在中间位置 3 分，排名最低 1 分；历史建筑单体数量排名最高 5 分，排名为中间位置 3 分，排名最末 1 分。

（三）现状条件评价

选取历史建筑街区的实用性、真实性、环境性、开发性、参与性进行价值评价。

实用性体现历史建筑的核心价值部分，历史建筑可利用程度与历史建筑的原真性保护息息相关，则该标准为历史建筑原真性保护优秀 5 分，有门窗改造且建筑立面保存完好 4 分，有门窗改动且有扩建 3 分，建筑立面大范围改建但建筑内部保存完好 2 分，建筑内外部均有大量改动但存有一定历史风貌表现 1 分；历史建筑街区周边商贩、夜市规划清晰，小摊点及商铺用电安全、卫生安全，街道整洁、无异味且无垃圾堆放 5 分，街区周边商贩、夜市规划良好，小摊点及商铺用电安全、卫生安全，街道整洁、无异味且无垃圾堆放 4 分，街区周边商贩、夜市规划良好，部分小摊点及商铺存在用电安全、卫生安全问题，街道整洁、无异味且无垃圾堆放 3 分，街区周边商贩、夜市规划一般，部分小摊点及商铺存在用电安全、卫生安全问题，街道较整洁、无异味且存在垃圾堆放情况 2 分，街区周边商贩、夜市规划一般，部分小摊点及商铺存在用电安全、卫生安全问题，街道整洁度较差，存在明显油污、散发异味且存在垃圾堆放情况 1 分；历史建筑街区基础设施覆盖率高且十分适合街区整体形象表达 5 分，覆盖率较高且较适合街区整体形象表达 4 分，覆盖率一般且适合街区整体形象表达一般 3 分，覆盖率一般或适合街区整体形象表达一般 2 分，覆盖率较低或适合街区整体形象表达较差 1 分；历史建筑街区交通可达性较高 5 分，一般 3 分，较低 1 分。

真实性体现为历史建筑街区中的当地居民比例和风貌保持状况。当地居民在街区中占比达 50% 及以上为较高 5 分，占比在 30% 左右为一般 3 分，占比在 10% 左右为较低 1 分；历史建筑街区风貌状况保持十分完整 5 分，有一定历史风貌体现 3 分，风貌保持状况较差 1 分。

环境性体现为历史建筑街区周围的环境状况，街区周边不存在具有排放污染性物质的工厂且对街区无噪声干涉 5 分，不存在具有污染性排放物的工厂或对街区具有较少噪声干涉 4 分，存在少量具有污染性排放物质的工厂且对街区具有少量噪声干涉 3 分，存在较多具有污染性排放物质的工厂或街区具有较多噪声干涉 2 分，具有污染性排放物质工厂建设在街区内或具有较多噪声干涉厂房在街区内部 1 分；历史建筑街区植被丰富 5 分，绿植较丰富 4 分，有部分绿植 3 分，少量绿植 2 分，无绿植 1 分；历史建筑街区与周边环境协调性较高 5 分，一般 3 分，较差 1 分。

开发性体现为街区内历史建筑再利用比例情况和旅游区位条件。街区内历史建筑再利用数量占该街区历史建筑数量 50% 及以上为较高 5 分，占比 30% 左右为一般 3 分，占比 10% 左右为较低 1 分；历史建筑街区能够为旅游发展提供代表性资源，能够成为支持商业发展的有利资源，符合城市发展战略，资源状况优秀 5 分，良好 3 分，一般 1 分。

参与性体现在居民积极参与街区活动，居民积极参与活动且有较高认可度 5 分，居民活动参与人数占街区住民总人数的 50% 且能够认可街区活动的举办 3 分，居民参与度极少且对街区活动保持消极情绪 1 分；历史建筑街区参与沈阳城市更新项目过程中，街区容量承载能力较强 5 分，承载能力一般 3 分，承载能力较低 1 分。

（四）保护管理措施

针对历史建筑街区现状的保护规划、保护机制、保护与运营方面做出评价。

保护规划是指历史建筑街区保护管理规划编制与实施机制完善程度，保护管理规划编制与实施机制非常全面 5 分，一般 3 分，无相关政策与实施措施 1 分。

保护机制是指相关历史建筑街区保护管理办法的制定机构的成立、人员培训和资金占比。相关保护管理办法制定非常全面 5 分，一般 3 分，没有 1 分；历史建筑街区相关保护管理机构非常健全 5 分，一般 3 分，没有 1 分；历史建筑街区保护管理中对保护管理人员的选拔与培训活动十分健全 5 分，一般 3 分，没有 1 分；在城市规划与城市更新项目中，对于该历史建筑街区分配的保护管理资金占比十分高 5 分，一般 3 分，较低 1 分。

保护与运营体现在历史建筑街区日常维护运营与管理方面，对历史建筑街区中的历史建筑做到登记、建档、挂牌全面覆盖 5 分，对历史建筑街区核心保护区域的历史建筑登记、建档、挂牌全面覆盖 4 分，对历史建筑街区历史风貌保护区域的历史建筑登记、建档、挂牌全面覆盖 3 分，对历史建筑街区文物建筑登记、建档、挂牌全面覆盖 2 分，历史建筑街区内历史建筑无登记、建档、挂牌 1 分；历史建筑街区内公示栏建设内容十分丰富并更新及时 5 分，公示栏建设内容较丰富并有更新情况 4 分，公示栏建设内容单一且有更新情况 3 分，公示栏建设内容单一或有较少更新 2 分，无公示栏 1 分。

三、价值评价指标权重

研究不同指标对历史建筑街区价值使用和功能植入的影响，得出综合评价权重。为提高本研究体系分析的科学性、客观性，采用定量评价和定性评价相结合的方法，对各指标进行加权分配，最后将各级指标平均加权得出细化指标的权重（见表 8-4）。

该评价系统包含对多个历史建筑街区和对同一历史建筑街区不同区域间

的价值评价，以必须选择符合该评价体系和体现历史建筑价值因素特点的单元作为基础打分对象。历史建筑是历史建筑街区的核心要素与构成主体，街区核心保护区则是街区历史建筑最集中、风貌保存完整度最高、历史文化内涵最深远的区域。历史建筑街区核心保护区域作为文化研究的基础单元，是一个城市发展和文脉传承的物质基础，其中包含的价值要素具有高度相似性，如街区环境和建筑整体特征等，除此之外，还可以促进未来城市更新战略实施和项目推进。本研究选取历史建筑街区核心保护区域为基准单元，以其最具代表性的特质参与价值评价系统，对该评价体系的四大价值即 39 项量化指标进行评分，根据评价标准将指标数据进行量化，最终形成历史建筑街区完整的价值评价。

表 8-4　沈阳历史建筑街区价值评价指标权重分布表

一级指标	权重	二级指标	权重	量化指标	权重
价值认定	0.300	历史性价值要素	0.100	悠久性	0.020
				稀缺性	0.030
				历史事件	0.020
				历史名人影响力	0.030
		科学性价值要素	0.100	科普教育性与学术考察性	0.020
				完整度	0.020
				典型度	0.020
				特殊度	0.020
				合理度	0.020
		艺术性价值要素	0.100	街区表现力	0.040
				街区感染力	0.020
				街区吸引力	0.040
文化遗产保护指标	0.300	文物保护指标	0.100	其他物质文化遗产	0.050
				非物质文化遗产	0.050
		历史建筑指标	0.200	街区内历史建筑数量	0.060
				核心保护区历史建筑数量	0.070
				历史风貌建筑数量	0.040
				历史建筑单体数量	0.030

一级指标	权重	二级指标	权重	量化指标	权重
现状条件评价	0.200	实用性	0.060	历史建筑可利用程度	0.030
				历史建筑街区安全卫生	0.010
				历史建筑街区基础设施	0.010
				交通可达性	0.010
		真实性	0.030	当地居民比例	0.010
				风貌保持状况	0.020
		环境性	0.020	受污染程度	0.005
				植被比例	0.005
				与周边环境协调性	0.010
		开发性	0.060	历史建筑再利用比例	0.040
				旅游区位条件	0.020
		参与性	0.030	居民参与程度	0.010
				街区容量承载能力	0.020
保护管理措施	0.200	保护规划	0.050	保护管理规划编制与实施机制	0.050
		保护机制	0.100	保护管理办法制定	0.030
				保护管理机构成立	0.020
				保护管理人员培训	0.020
				保护管理资金占比	0.030
		保护与运营	0.050	登记、建档、挂牌比例	0.030
				街区内公示栏建设	0.010
				保护标志数量	0.010

在多指标综合评判中，综合评判是指将多项指标中各个方面的评价结果用特定公式进行计算，从而得出一个整体的评价。线性加权和法（Linear Weighted Sum Method）是一种评价函数的方法，一般根据指标的重要程度，给出不同的权重，以便各个指标之间具有一定的独立性，并利用其数值上的差异来凸显主要的影响，适合于对指标对象比较复杂的评价系统进行综合分析。线性加权和法的公式为：

$$Z = \sum_{i=1}^{n} w_i \, x_i (i = 1, \ 2, \ 3, \ \cdots, \ n)$$

其中 Z 表示综合评价值；w_i 表示第 i 项指标的标准化值，x_i 表示第 i 项指标的权重；n 表示评价对象的个数。所含的 4 个一级指标均可以按上述公式进行计算，并将其分解为综合评分的最终结果。

在对历史建筑街区价值要素进行纵向对比的基础上，采用指标定量分层得分，线性加权和法依次递增。利用 ArcGIS7.0 版软件平台，以历史建筑街区核心保护价值区域为单元进行评价，通过可视化方法得到历史建筑街区内地块的价值水平和差异表现。同一历史地段因土地开发年代、建筑类型、用地功能、发展区位等因素的不同，导致其得分结果有很大差别。在本次价值评价的横向对比中，以反映历史建筑街区核心特征为目标，以核心价值保护区域的得分为依据，将该指标的具体得分汇总到沈阳市中山路沿线历史建筑街区、盛京皇城沿线历史建筑街区的价值评价当中。

第三节　沈阳历史建筑街区形象评价分类

一、文化品质

（一）文化定位

"传承红色文化，塑造英雄城市，要从保护、管理、运用三个方面提出具体措施。保护红色文化的前提要摸清红色文化家底。" "沈阳是英雄城市，诸多英烈的故事都应当讲好。要充分挖掘英雄人物的故事，塑造英雄城市品牌，提升对外宣传的整体感召力。"[1] 以文化导向为主的历史建筑街区需要人文情怀与英雄人物的支撑，以文塑人，借人扬文，将红色文化深入到历史建筑街区建设发展当中。沈阳市人民政府在全市开展"振兴新突破、我要当先

---

[1] "振兴新突破、奋进新征程——'沈阳这十年'系列主题新闻发布会"（实施城市更新专场），沈阳市政府新闻办公室于 2022 年 7 月 28 日对外发布。

锋"① 专项行动意见中将"激发创新人才活力，以风景、人文、时尚为元素打造青年友好型街区"② 作为沈阳历史文化名城创新驱动实现的新形式，弘扬历史建筑街区优秀传统文化，以时代精神激活优秀传统文化的生命力。

沈阳历史建筑街区文化形象依托历史建筑本身的故事，不断推进沈阳历史建筑街区内历史建筑的宣传与保护利用工作，强化历史建筑风貌特征，在历史文脉得到延续的同时，赋予历史建筑街区多个"身份铭牌"。强调清朝文化、民国文化、抗战文化、工业文化为主线的历史文脉延续③，结合对沈阳历史建筑街区的现状调查与价值分析，提炼出以"红墙"文化、"街角"文化、"名人"文化等为支线的文化线索，以支线辅助主线更好地打造沈阳历史建筑街区文化定位。同时积极开展与文物建筑的互娱互动，通过线上线下实际活动，优化历史建筑街区文化定位，让历史建筑街区内的元素查有所依。

（二）文化保护

沈阳历史建筑街区文化保护在于引导大众用正确的眼光看待历史建筑、看待现代文化，通过科普或是带有趣味性的大众宣传，潜移默化地影响大众及外来观光者认识历史建筑的重要性及其存在与发展的意义。商居复合式历史建筑街区更需要对街区文化、建筑文化、人文事迹活化保护，引导大众参与保护历史建筑的活动。如中国工业博物馆历史建筑街区将街区生态嵌入大众生活常态，以环境塑造保护新手段，以韵味提升保护新理念。政府应积极探索推进沈阳历史建筑街区国际文化交流活动开展，数字双语及多语言展示、线上互动活动平台的动态交流，将沈阳历史建筑街区文化、物质元素等内容跨越国界在异乡演绎，基于历史建筑的数量与历史街区文化交流与保护的手段，有效输出沈阳历史建筑街区保护理念，探索历史建筑街区分类保护

---

① 2022 年 9 月 13 日，沈阳市召开"振兴新突破、我要当先锋"专项行动推进会议，深入学习贯彻习近平总书记在辽宁考察时的重要讲话精神，全面落实省委、省政府要求，围绕加快建设国家中心城市、为全省做出"五个示范"进行动员部署。

② 沈阳市委办公室. 中共沈阳市委 沈阳市人民政府关于在全市开展"振兴新突破、我要当先锋"专项行动的意见［EB/OL］. 沈阳市人民政府网，2022-01-24.

③ 沈阳市人民政府办公室. 沈阳市人民政府办公室关于印发《沈阳市历史文化名城保护行动实施方案（2019—2021 年）》的通知［EB/OL］. 沈阳市人民政府网，2019-11-20.

新模式。

对于历史建筑街区中具有代表性的建筑风格、具有历史文化特色的建筑物和文物建筑，继续更新基础铭牌标识，推进数字科普线上活动持续更新，动态化街区内历史建筑、人文特色、公共设施、商品服务等元素。做到物质文化线下保留，精神文化线上传递，实现对沈阳历史建筑街区文化保护可视化、可感观、可保留、可购买、可持续的"五可"（见图8-1）。

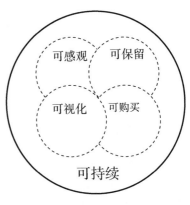

图8-1 沈阳历史建筑街区"五可"示意图

（三）地方特色

政府建立城市历史文脉、文化基因与四条文化主线的联系①，以北大营营房遗址的修缮与发掘为例：该遗址范围为柳林街（东）—上汽通用（沈阳）北盛汽车有限公司东墙（西）—金鹰小区北墙（南）—用地界线（北），是爱国主义教育进行的重要场所。政府陆续组织展开相关修缮工作，同步完善配套设施，最终布展陈列、对外开放。对大亨铁工厂水塔及矿山办公楼的主体（2处历史建筑及2栋附属建筑）进行抢救性修缮，并针对闲置情况进行民族工业展览馆内部办公、文娱、餐饮为一体的社区构建。② 为突出街区多元文化、多民族融合的沈阳地方特色，通过集中展示核心历史风貌区，建立示范性文脉信息梳理等举措，实现皇城明清文化、民国文化的相辅相成、齐头并进。同样具有地方特色的八卦街沿线历史建筑街区依附于南市场，周边历史建筑、文物建筑的相关项目形成"文化交流—文化商品"的"双心"商区交流模式（如图8-2所示）：以八卦街沿线历史建筑街区为商业核心，发展内驱带动街区外非物质文化遗产传播；以南市场"858"生活

---

① 《沈阳市历史文化名城保护行动实施方案（2019—2021年）》（2019年）中明确沈阳市四条文化主线，分别是沈阳清文化主线、沈阳民国文化主线、沈阳抗战文化主线和沈阳工业文化主线。

② 盛京皇城沿线历史建筑街区拥有包括沈阳故宫、张氏帅府在内的文物保护单位和历史风貌建筑42处，文庙、萃升书院等文物古迹遗址57处，历史街巷67条，老字号和非物质文化遗产49项。

休闲文化街区为文化核心，带动街区内老字号、夜市经济发展。

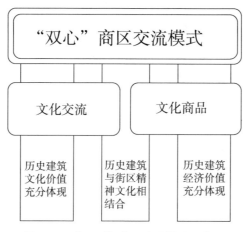

图8-2 "双心"商区交流模式示意图

二、创新品质

（一）管理创新

在沈阳市城市信息模型（City Information Modeling）平台建设的基础上开展历史建筑街区信息模型平台建设，完善沈阳市历史建筑线上可阅读工程，持续推进街区数字化管理，利用网络优化街区空间布局，做到大数据可视化下的针对性问题发现与探索，将"一网统管"普及到历史建筑街区管理当中。对于服务、联动等方面做到"一街一治"，从历史建筑街区特殊化的角度，定制专项服务管理办法与联动管理方案，对重点项目的审批流程与扶持力度进行创新管理，对如何加快项目立项流程，如何将文化资源进行商业转化等问题进行梳理。沈阳市对历史建筑街区内项目的管理可以利用数字化手段进行量化管控与质化分析，以项目线上展示的方式，更好地了解项目企划，并对项目进行阶段性线上管控与数据保留，建立历史建筑街区项目数据库。

（二）经济创新

沈阳市中山路沿线历史建筑街区与八卦街沿线历史建筑街区的"小店"经济是街区创收的重要来源，不仅为游客提供消费服务，也是街区整体运行、居民与街区友好往来的行动齿轮。如街区与小店互联互动开展线上业务，通过直播、转发等宣传手段扩宽买卖方式，加入以历史建筑街区文化为导向的动态与静态宣传模式，实现非接触式经济、宅经济。历史建筑街区经济单元化能够推动街区及周边有序发展。如和睦路工人村沿线历史建筑街区，以居民为开发中心，均衡街区服务设施布局，最大限度满足街区内居民教育、文娱等公共服务的需求，为居民提供多元化商业服务，满足居民多层次的商业服务需求，践行生产、生活、生态的目标。

（三）模式创新

对历史建筑街区更新实行加法，引入新项目的同时注重把握批而未供和闲置的土地；在项目落实上实行减法，改革供地模式，让企业掌握更多自主权，实现土地及历史建筑的最大程度利用，更新服务模式以促进更多高质量项目快速安全落地。建立健全动态巡查制度，以"督导+服务"的方式推动项目竣工，预警闲置土地，提高项目永续发展与街区发展之间关联度，对各阶段不达标项目实时做出减法预警，对双方负责，对人民负责。商业模式在数字化进程中快速消化与发展，沈阳夜经济"数字+"是传统市场模式的积极探索与创新，"数字+文化"的管理模式、制度模式、商业模式、服务模式为沈阳历史建筑街区商业发展打造新引擎。

进一步增强市民消费信心，更好地满足市民、农民精神文化需要，为广大市民、农民创造就业岗位。如和平区在"双循环"的基础上，开辟新机遇、开创新局面，挖掘地域历史文化特色，以"品质和平"① 为核心，打造集文化、休闲、娱乐、美食、观光为一体的业态新模式。从历史建筑街区内循环的角度看，新业态、新模式是线上线下融合发展的结果，是供求关系优化与需求匹配的现实结果，以新消费为主导的供给体制改革的重点是品牌消费与质量消费。新型消费的发展，促使沈阳历史建筑街区的经济供给与需求匹配程度不断提高。以5G人工智能、物联网为代表的新基础设施快速部署，为精准、智能的供需匹配创造出更多的应用场景。

---

① 杜一鸣.和平区全面建设高质量发展高品质生活示范区 ［N].沈阳日报，2022-01-07 （T02).

三、生态品质

(一) 环境美观

历史建筑街区绿植覆盖率的增长能够提高游客与居民的幸福指数，让街区"增肌"，稀释商业味道，形成返璞归真的文化场域。对历史建筑一般价值要素中的绿植进行维护保养，确保街区历史风貌完整；八卦街历史建筑街区除绿化"增肌"外，在街区内打造大量具有时代性特征与内涵的雕塑、小品等文化景观，在弘扬街区场所精神的同时，为游客标记其所在位置，一举两得；夜间街区不断增加灯光秀、数字观影、深夜书店等文化消费活动，消费层级细致化、消费品质多元化使街区避免"空巷"现象，多时段适应各类活跃的消费群体。如在和平区设立"夜间区长、夜间CEO""和平守夜人"来保障街区夜经济的稳定运行。将"夜经济""文明城市"与"历史建筑街区"建设结合起来，组织联合执法力量，加强社区管理，强化道路交通管理、卫生监管，改善街区环境。

(二) 安全保障

在历史建筑街区内配置标准消防设施和紧急疏散标识，配备街区内安保巡逻人员维护街区秩序与管理治安，保障街区、游客、设施全方位安全。由于木质结构的特性，木结构建筑拥有一定的安全隐患，因此降低甚至是消除木结构历史建筑本身的消防隐患势在必行，如在保留木构特点基础上搭建钢架结构，定期配合消防安全部门调查。

推动文化与旅游市场的监管一体化，强化新主体、新业态、新群体、新管理、新服务理念；坚持以社会效益为重，树立正确的历史观、民族观、国家观、文化观；强化对历史建筑街区场所、项目、活动的监管，强化对旅行社、导游的规范管理，多方面、多角度地强化安全意识。

(三) 低碳环保

通过对历史建筑街区路网内部进行优化，构建"一心多点"的路网空间布局，与周边地区建立一体化运输网络。通过对现有路网的合理布局，合理设置分支路，提高路网密度，细化街区，提高通达率，减少 CO_2 排放。如中国工业博物馆沿线历史建筑街区作为科技创新、新旧动能转换、新经济发展的先行区域，以人才友好、环境优美、服务高效、交通便捷、低碳智能为特色，为办公人员构建绿色低碳宜居区。同时以历史建筑街区地理位置为中心，以公交优先发展为主、大众出行便利为基础，大力发展公共交通，构建绿色、低碳的交通体系。

四、服务品质

（一）商品品质

将沈阳旅游景区文化品牌内涵进一步提高，即以"清朝文化、民国文化、抗战文化、工业文化"为核心，对沈阳老建筑、老字号、老胡同等具有鲜明特色的文化资源进行挖掘与整合。3A、4A、5A 旅游景点要发展 2 个以上的特色主题产品；推动万科文创园、1905 文创园等特色文化主题园区业态的升级开发，强化沈阳冰雪文化 IP，描绘历史建筑街区的冬季文化，树立一批冰雪文化代言人。

（二）服务规范

《沈阳市城市核心发展板块划定方案》（2021 年）划定了公共服务中心区，规范服务；规划建设具有城隍庙会馆特色的商贸配套设施，并形成"一核多辅"的旅游枢纽系统，创建景区观光步行街、直饮水、旅游公厕系统等。

（三）配套服务

人性化服务设施能够提高历史建筑街区整体品质评价，通过发放沈阳旅游消费券，推行沈阳旅游振兴 V 项目①，与携程旅行网携手打造沈阳旅游产业大数据实验室、"盛京皇城" IP 市场等项目。

五、传播品质

（一）旅游地标

2000 年年初，沈阳逐步打造旅游城市形象，大力扶持民营经济，支持国企改造，先后从"经济+旅游""经济+文化""经济+工业""经济+科技"等角度思考，打破传统经济增长的模式，开发多种资本引进渠道，为传统商

---

① 刘海博.辽宁沈阳：推出"旅游复兴 V 计划"促进行业振兴［EB/OL］.中国网，2020-03-05.

埠地区、皇城市集、工业街区不断注入资本，夯实经济基础。《沈阳市国民经济和社会发展第十一个五年规划纲要》提出：坚持资源开发与环境保护并重，不断增强城市可持续发展能力，转入"经济+"的新模式。在《沈河区盛京古城历史文化街区城市设计方案》《和平区太原街、西塔、北市商业区城市设计方案》《铁西区工业博物馆、兴华南街板块城市设计方案》① 中，不仅对传统历史建筑街区进行更深入的挖掘与保护，还推出周边区域街区文化活动，稳定与巩固沈阳市经济全面发展的崭新样貌，发挥历史建筑在街区内的重要作用，以历史建筑街区稳固沈阳城市文脉，开发沈阳特色文化，吸引强有力的资本投入。

（二）区域影响

盛京皇城沿线历史建筑街区及周围现有文物古迹 42 座，包括沈阳故宫、张学良旧居、东三省总督府在内的文物保护单位 13 处，67 条具有悠久历史的街巷，如老边饺子、亨得利眼镜店等中华老字号和非物质文化遗产 49 项②，是沈阳市最具历史价值的街区。

（三）对外传播

新型消费不仅是推动我国国内大循环高质量发展的重要方式，同时也是实现国内外双循环相互促进的重要载体。"商务部在稳定重点消费、创新发展新型消费的基础上，重点从开展'消费提振年'系列活动、稳定和提升重点消费，巩固消费基础、推进国际消费中心城市培育和建设，创新载体场景三个方面恢复和扩大消费。"③ 新商业模式不断更新，优质品牌消费不断发展，应用场景与人工智能相互促进，在国内大循环的高质量发展中起到了积极作用。

发放沈阳旅游消费券，棋盘山风景区停车场停止收费，推出"夜游帅府"等活动，增强沈阳历史建筑街区的知名度，提高、升级、创建、打造一批"升级版"沈阳旅游产业，使沈阳成为世界级旅游目的地和旅游集散地。

---

① 市委党史研究室（市政府地方志办公室）.2021 年 12 月沈阳大事记 [EB/OL]. 沈阳市人民政府网，2022-01-20.

② 辽宁记忆.盛京皇城：辽宁沈阳历史文化资源最密集的街区 [EB/OL]. 搜狐网，2021-08-10.

③ 商务部.着力恢复和扩大消费，推动外贸稳规模优结构 [EB/OL]. 人民网，2023-03-03.

第九章 沈阳历史建筑街区保护利用实施机制

第一节 坚持政府引导

在历史建筑街区的保护与开发中，政府的作用最为突出，作为历史文化的保护主体，政府首先要做好各相关部门的协调工作，在法律、管理等方面，对历史建筑街区的保护要给予政策、引导和管理上的支持，充分行使政府职能，动员当地人力资源，实现历史建筑街区的保护。此外，政府也可以在财政上给予特殊的补贴，按区域的发展程度不同制定不同标准并给予补贴。加强基础设施建设，使各地政策与当地人民的需要相协调，对社区居民的激励，有利于法律强制与自觉推进有机结合。

沈阳市委、市政府在沈阳历史建筑街区的保护与完善中积极构建街区四条发展主线——清朝文化、民国文化、抗战文化、工业文化；开展八项工作——完善保护规划、启动项目策划、深化实施方案、修缮历史建筑、强化运营管理、提升环境设施、传承历史文化、加强旅游宣传。在把握主要方向的同时最大程度为企业提供再创造空间，如中国工业博物馆、1905 创意文化园、工人村生活馆、奉天工场平台式融合工业园、红梅文创园、沈阳 11 号院艺术区、9 号院艺术文化创意产业园、时代公园等。

第二节 完善法治保障

法律法规是沈阳历史文化名城保护的重要基础，文物保护工作要落实保护第一、加强管理、挖掘价值、有效利用、让文物活起来的政策。《中华人民共和国文物保护法》（2010 年）中提出：（1）保存文物特别丰富并且具有重大历史价值或者革命纪念意义的城市，由国务院核定公布为国家历史文化名城；（2）文物保护单位的保护范围和建设控制地带内，不得建设污染文物保护单位及其环境的设施。

《中华人民共和国文物保护法实施条例》（2013 年）指出：根据文物保护单位的类别、规模、内容以及周围环境的历史和现实情况合理划定，并在文物保护单位本体之外保持一定的安全距离，确保文物保护单位的真实性和完整性。《中华人民共和国非物质文化遗产法》（2011 年）指出：对非物质文化遗产实行区域性整体保护，应当尊重当地居民的意愿，并保护属于非物质文化遗产组成部分的实物和场所，避免遭受破坏。

目前，我国法治建设日趋完善，对历史建筑街区的保护也有了比较精确的标准，但还需进一步深化和完善相关的法律和法规。在制定法律法规的过程中，要兼顾法律的整体性、严肃性、科学性。由于历史建筑街区自身的特殊性，在保护过程中很难达到目前规范的要求，所以要完善与之相适应的历史建筑街区的保护利用细则，对历史建筑街区保护的相关法律要做到明晰责任，有法必依、违法必究。

在沈阳城市更新大环境的推动下，《沈阳市历史文化街区和历史建筑保护管理办法》（2020 年）、《沈阳市历史建筑修缮管理办法》（2021 年）、《沈阳市"十四五"历史文化资源保护与利用规划》（2021 年）、《沈阳城市更新专项总体规划（2021—2035）》（2022 年）等规划体系为历史建筑街区持续注入动力。

第三节　健全保护体系

在保护和修复中，应选择具有代表性和地方特色的历史建筑作为重点对象，并按历史地段的景观、典型建筑的性质、结构、年代、外观等因素进行分类。根据保护计划的控制要求，建立历史建筑档案并进行有针对性的保护和修复。

一、自下而上的注册制度

邀请居民、社会团体、专家等人员参与保护规划的建议和制订，重视社区和社区组织的参与，积极鼓励社区居民参与，了解历史建筑街区居民的需要和对区域未来发展的愿景。按照"规划在先、系统思考、分步推进"① 的工作思路，突出战略引领，自上而下落实国家战略和自下而上体现地方特色的规划编制经验能够强化沈阳人民对城市的获得感与幸福感、对城市文化的崇拜感与传承感，增强沈阳城市文化对新时代青年的感染力与感召力。

围绕历史建筑街区保护与风貌传承，对历史建筑街区进行规划，主要内容包括街区内历史建筑的修缮保护、历史建筑街区居住环境改善、历史建筑的活化利用。政府出资购置老旧历史建筑，修缮改建街区后，可作为体验中心、工作坊、博物馆、展览馆、小公园、停车场等使用。定期文化宣传，使社区居民认识到历史建筑街区的文化价值。沈阳八卦街历史建筑街区依托居民共同参与模式，成为文化提升与城市更新相融合的示范样板，将街区环境再创作，加入民国主题墙绘，渲染商业街区氛围，维护居民文化空间的生存环境与状态，呈现民国文化与现代绘画元素的共融空间。

二、自上而下的保护体系

（一）中央与地方协作下的政策保障机制

维护城市原貌，提高市民居住质量，实施"历史文化景观"工程，鼓励多个政府部门协同办公，做到历史建筑不动产转移登记的活化利用，在自己管辖范围内实施相应的历史建筑街区保护利用项目。通过支持保护、控制拆除、修缮历史建筑等措施，为历史建筑在空间层面的保护创造重大契机。

（二）政府主导与多元参与下的保护机制

在保护和发展过程中，政府要发挥主导作用，让历史建筑街区的居住形式多元化，并在一定程度上促进传统文化的发展，活化利用历史建筑。鼓励社会力量"认养"历史建筑和市级以下不可移动文物，对开发地块无偿代建

---

① 沈阳市人大教科文卫委召开盛京皇城综合保护利用议案督办工作调度会［EB/OL］. 搜狐网，2021-03-29.

条件、历史建筑街区更新利用、简化抢救性历史建筑备案和修缮程序、免费提供技术指导等方面出台详细的操作指南。

第四节　加强宣传引导

一、扩大宣传力度

加大对本地市民的宣传力度，提升历史建筑街区的知名度，促进其相关行业的发展，实现对历史建筑街区可持续的保护和使用。对全社会而言，更应加强媒体和政府的舆论引导，提高市民对历史建筑街区的保护意识，调节当前被动保护的状况，从而达到多层面、高效的保护工作，形成全民保护、全民参与的保护机制。征集以"家门口的旅行"为主题的历史建筑群像集，以"厂房改造"为标签的厂房更新记录，以"民国文化网红打卡"为主题的打卡集锦、以"沈阳随拍"为主题的历史建筑街区短视频等，有效提高沈阳历史建筑街区的网络知名度。

二、加大参与力度

利用平面媒体、社交媒体，特别是互联网等媒介，创建保护历史建筑街区的相关网站、微博、论坛等。通过制度化的公共参与，收集更多优秀提议，从而有效减少在历史建筑街区动态保护中产生的失误，并能更好地制定和维护历史建筑街区的保护规划。以法律法规的形式，在内容和程序上规范公民对历史建筑街区动态保护的参与方式，维护公民的知情权、质询权和决定权。

第十章 历史建筑街区保护利用实施模式

第一节 可持续发展观

可持续发展观念既包含了对自然资源的保护，也包含了文化景观资源的可持续发展。历史建筑街区可持续发展的前提是城市可持续发展，历史建筑街区的发展应与城市的自然环境、经济增长和社会发展相适应。

一、历史建筑街区可持续发展内涵

历史建筑街区可持续发展是指在历史建筑的保护与更新中遵循长效性、可持续的原则，使街区内的历史与文化可持续发展。在新时代背景下，既要使历史建筑具有新的时代意义，又要使它与现实的需要和发展保持一致，在此基础上结合历史建筑街区的区位特点与历史建筑街区的发展需要，对历史建筑进行合理保护。相关部门要重视对历史建筑街区过去、现代与未来的综合把握，从而使历史建筑的保护与更新处于良性健康的发展状态。

在历史建筑街区动态保护的过程中，不能盲目地采用"形象工程"，历史建筑街区动态保护的关键在于对历史文脉和传统文化的继承。以持续更新为手段，尽量减少对原有建筑形态和空间肌理的损害，使历史建筑街区与周围商业环境相融合，与城市空间同步发展，更好地践行历史建筑街区的可持续性发展。

沈阳"奉天工场"利用工厂建筑的原有形态打造交流与协作的公共空间，致力于将沈阳的人才选拔、艺术展览与交流搬进工厂内，建立平台式融合工业园，开展高校毕业作品展，加强国际展览交流，增强工业园区软文化元素，吸引游客进入园区，有效改善厂区因空间过大而带来的空旷、氛围感弱、空间感不强等劣势。以火车文化为街区主题，打造商业活动不间断的可持续文化创新平台。

二、历史建筑街区可持续发展价值

随着城市的发展，人们越来越不容易看到历史建筑，城市也失去了历史与文化。对历史建筑的保存，可以使后人了解到历史上的建筑技术，以及历代工匠的精湛技艺，也促进了历史文化的传承。历史建筑是历史文化的物质载体，从对历史建筑的研究可以看出一个城市深厚的文化底蕴，不管历史建筑的外表多么破败，它所展现的文化意蕴和历史烙印都不能抹去。从建筑史的角度来看，每一座具有历史意义的建筑都是在特定时代背景下诞生的，反映了当时的建筑技术水准、人民的生活习惯、流行的艺术形式。

保护与利用历史建筑街区、延续与传承历史文化遗产都是对城市历史建筑街区进行有效保存和更新的可持续发展策略。在历史文化名城保护中引入可持续发展理念，其目的是保护城市文化传承的物质载体，聚焦效率、效能与效益的提升。如中街持续开发自身步行商业街属性，不断完善官局子、头条、吃货三条特色胡同的空间设计，优化沿街建筑立面、改善游客步行体验，从空间、历史建筑、游客三方面促进了中街历史建筑街区的可持续发展。

三、历史建筑街区可持续发展策略

（一）物质与文化

历史建筑街区文化资源丰富，结构形式多样，体现了当地的人文之蕴。有关部门应积极发掘街区的历史文化遗产，对其进行重新定位。如果在更新改造过程中仅改善街区的物质环境，不能融入当地的文化氛围，将不利于历史建筑街区的可持续发展。

（二）建筑与居民

1. 建筑

在历史建筑街区更新保护进程中，应尽量保持其外部形态的原貌，室内的空间可以根据不同用途进行适量调节。在维护和修复的同时，加强对历史建筑的监管和检查，注重对历史建筑的调查和分析，增强参观者和工作人员对历史建筑的保护意识。

2. 居民

有一定人口居住规模的历史建筑街区应保留居住地人们的生活方式，保持其生活的真实性，还原各种形式的文化活动，提升历史建筑街区的文化氛围，在培育和提高居民素质的同时，充分展示当地特色，激发民众对历史建筑街区的文化认同。

（三）绿色与街区

在历史建筑街区建设现代绿色运输系统，既能保留其古老的历史文化价值，又能为居住者架起一座连接现代都市生活的桥梁，享受现代文明。通过植物绿化，可使历史建筑街区与自然环境和谐统一，从而增强自然亲和力，美化环境，有效降低热岛效应，减少区域气候对人类和野生动植物生存环境的不良影响，调整街区的微气候。

第二节　创新植入模式

一、文旅产业战略布局

（一）街区文旅开发规划

1. 整合街区旅游资源

旅游资源是发展文旅产业的根本，其价值直接关乎旅游业的发展。历史建筑街区拥有丰富的历史文化遗产，可利用资源繁多，如历史建筑、名人文化、特色民俗、传统手工技艺、名胜景点等。相关部门应对历史建筑街区内的文化资源进行全面调查、分析研究、科学评估和分类整理，为历史建筑街区旅游资源的开发与更新提供数据和决策基础。

2. 制定街区旅游规划

为历史建筑街区制定适宜的发展目标，街区的旅游业发展才能有动力和方向。有关部门可从沈阳历史建筑街区的区位优势、资源要素、价值要素等方面进行分析，形成以观光、体验、休闲为一体的多元旅游产业，打造高影响力、高吸引力、高竞争力的文化旅游景点，充分发挥产业带动经济发展的作用，立足现实，突出历史建筑街区的文化特色，统筹规划六大旅游要素：食、住、行、游、购、娱，驱动历史建筑街区旅游业系统化发展。

3. 规划街区旅游项目

对于历史文化遗产丰厚、产业结构多样的历史建筑街区来说，科学规划各类型旅游项目尤为重要。应以历史建筑街区旅游开发为中心进行项目策划，结合历史建筑街区特点，对品牌产品、重点产品、配套产品进行合理规划，提高产品的吸引力和市场竞争力，进而形成完善的产业生态系统。

秉承"坚持弘扬优秀文化、延续历史文脉、保护文化基因、彰显城市特色"① 的理念，有战略、有方向地活化历史建筑资源，为历史建筑街区注入科技性、时代性的新兴业态，尊重历史建筑街区风貌，将盛京皇城打造成世界级旅游目的地；将中山路历史建筑街区沿线景观打造成夜经济展示窗口；将万科红梅文创园、时代公园打造成城市专属名片，为沈阳历史建筑街区注入时代活力。

（二）街区旅游路线设计

1. 发掘街区旅游资源

彰显历史建筑街区特色，利用故居来打造名人生平、历史陈列馆，挖掘非物质文化遗产、特色民俗，从而增加街区的吸引力和活力。名人故居的陈列与名人的生活、历史遗迹相结合，既能体现历史建筑特色，又能彰显名人风范，将名人精神文化发扬光大。在彰显历史建筑街区特色的基础上，设计非物质文化遗产陈列，利用历史建筑空间来展示民俗物品，传播民俗风情。

2. 打造街区旅游体验

通过构建城市 IP 推动旅游产品内涵与形象的融合，提升旅游产品体验质量。利用声光、电控技术，丰富名人故居展示方式，将展馆的内涵与形象相结合，提升景区的观赏性与游客的体验感。通过虚拟现实、增强现实、混合现实等数字化技术，游客能够亲身感受到街区发展脉络，收获全新的旅游体验。利用历史建筑街区内的戏剧、曲艺、节日习俗、美术工艺等资源，进行

---

① 沈阳市人民政府办公室. 沈阳市人民政府办公室关于印发沈阳市历史文化名城保护行动实施方案（2019—2021 年）的通知［EB/OL］. 沈阳市人民政府网，2019-11-20.

文化创意活动，建立文化体验中心，充分展现历史建筑街区独特的人文与自然风光，增强历史建筑街区文化传播力。

中山路历史建筑街区已初步完成历史建筑主体修缮、沿街夜景亮化和区域基础设施改造，引进下午三点、咖啡猫等轻餐饮、娱乐项目与歌德书店等文化产业项目，街区特色风貌得到初步展现，影响力显著提升，历史建筑街区内部旅游线路顺达通畅，路边经济完善丰富，符合大众观赏审美要求。

（三）街区特色文创空间

1. 文创空间设计与表现

文创空间是一种文化与艺术张力结合的空间。文创空间设计并不局限于固定的空间布局，应该与当地文化特征和社会环境相适应，在现代都市空间中保留历史文化底蕴，营造历史文化氛围。以旧址为基础进行创意设计，指导空间行为和周边的互动，让文创空间从"泛在化"到"虚拟化"再到"国际化""融合化"，这种改造方式具有较高的社会价值。

2. 公共空间改造与建设

"有机疏散"① 是把城市看作一个有生命特征的有机体，在城市生存和发展的过程中，必须不断进行新陈代谢以适应自身和周围环境的改变。在此过程中，不能满足城市发展与社会需求的功能空间将会逐步消失，取而代之的是"城市开放空间"。"有机疏散"理论对于沈阳历史建筑街区布局具有一定的借鉴意义。

3. 空间设计启示与展望

文化创意空间的清晰定位与设计能为游客带来"场域化"体验。观光区和居住区要有清晰的界限，以防景区集聚、人车混行的现象产生。注重历史文化传承，创建地域文化品牌，沈阳文化创意产业要立足于沈阳城市的具体情况，以产业集群为基础，形成具有沈阳特色和鲜明区域特征的文化品牌。

沈阳 1905 文化创意园点燃了工业风与文化结合的火花，以文化空间打造文化商业街区，成为主题酒吧、个人工作室、艺术品展览、文化餐饮等元素杂糅发展的完美栖息地，多楼层不同空间展示构成了多元文化之间无隔阂交流，"文化+""科技+"的独特方式成为沈阳标志性建筑与文化交

---

① 晓亚，顾启源. 评介《城市：它的发展衰败与未来》［J］. 城市规划，1986（03）：64.

流空间。

二、科技赋能历史文化

（一）三维激光扫描技术在历史建筑保护与修复中的应用

三维激光扫描仪是一种具有高度自动化、高精度的立体扫描仪。三维激光扫描技术在历史建筑街区保护中的应用，使文物保存状况得到了真实、完整的记录，实现了对历史建筑街区的分析和变形监测。三维激光扫描技术相比于传统历史建筑测量具有非接触性、速度快、精度高、采集信息完整等诸多优势，可以为历史建筑修复提供真实且全面的数据资料。三维激光扫描仪录入是一种新型的历史建筑数据采集方法，可以迅速获得历史建筑的形状特征，将实物信息迅速转换成电子信息，为历史建筑的保护修复工作提供帮助。

历史建筑街区是政治、经济、文化的集合体，不同时期的建筑在政治、文化、审美等方面都有不同的表现。从外观上看，街区中的历史建筑通常由屋顶、屋脊、台基三大类构成，建筑物多数由石头和木头构成，木质结构建筑物超过了五分之四的比重，细部台基、立柱、斗拱及屋顶构造复杂，窗户和顶棚的形状各不相同，造型逼真。该项技术对扫描到的高精度点云信息进行快速的颜色识别，经过后期数据处理得到尺寸精准、细节丰富、色彩逼真的三维数字化模型，形成可永久保存、可量测的数据资料，为下一步的修缮、活化利用、展示等提供技术依据。与过去的近景摄影相比，正射图像的测量精度要高得多，历史建筑的设计与维护人员能够更精确地测量门、窗、柱、梁等构件，在 CAD（Computer Aided Design，计算机辅助设计）的协助下绘制出 CAD 数据图纸。

（二）BIM 技术在历史建筑保护与修复中的应用

利用 BIM（Building Information Modeling，建筑信息模型）技术可以建立一个包含建筑内部信息、外部信息、动态更新信息，乃至整个建筑全寿命信息的数据库。BIM 技术是对历史建筑进行保护和修复的重要技术手段，使保护与维修工作的精确性得到了极大的提升。以 BIM 技术为基础，可构建历史建筑信息模型，实现三维信息可视化。三维信息模型与平面图相比，具有更好的传输效率，能够实现模拟施工、管线检测、风险评估等多种功能，有效地提升工程的直观性、趣味性和精确性。

构建以 BIM 为基础的工作模型，能够提升历史建筑街区保护工作效率。利用 BIM 技术建立的 Revit 平台，实现工作分享与连接模式，使不同专业之间进行实时关联、同步协作和数据共享。运用 BIM 技术对历史建筑进行信息建模与运营管理的集成，根据数据和空间信息可事先制定防护方案，进行决策、优化维修，防止事故发生。该模型包含了全部的历史建筑信息，便于对整个历史建筑进行全寿命周期的管理，实现对历史建筑的保护、修缮、日常维护等各项措施的实时记录与共享，避免重复记录同一信息，提高数据的准确性和有效性。BIM 技术与 3D 扫描、虚拟现实、云计算等技术的融合，能够提高数据收集的准确率，增强数据的管理与共享，维护工作的协同创新。

历史建筑模型的建立是利用 BIM 技术进行建筑保护的一个重要步骤。通过 GIS（Geographic Information System，地理信息系统）技术对历史建筑进行三维建模，并结合其他相关软件构建"群"模型，再运用 BIM 技术进行准确 3D 建模。BIM 建模时必须先收集已有的文物资料，如方位、形状、大小等，将这些数据输入 BIM 软件中，保证三维模型的准确性。在历史建筑的保护工作中，常常需要反复、多次进行 BIM 建模，并在此过程中自动归纳出一些重要的参数，然后由工作人员汇总保存到系统数据库中，为以后历史建筑保护工作提供参考价值。

《沈阳城市更新专项总体规划（2021—2035）》（2022 年）针对夯实保障措施，优化资源配置需求，提出"依托'沈阳之眼'项目，建设全域感知体系；建设同城双活中心，建设本地（异地）数据灾备中心；构建城市信息模型（City Information Modeling），统筹建设推广身份认证、电子证照、人脸识别、区块链等通用中台。"[①]

（三）倾斜摄影技术在历史建筑保护与修复中的应用

在历史建筑的保护中，最基本的工作是对历史建筑进行有效的测量，以获取所需的各种数据。传统测量方法是先对建筑物进行二维测量，再通过大量的二维资料将其拼接成一个三维实体。尽管用这种方法可以得到一个三维历史建筑模型，但存在一些限制。

---

① 冯世龙. 市大数据局锚定数字政府建设目标赋能高质量发展［EB/OL］. 沈阳市大数据管理局，2023-04-20.

现在多采用倾斜摄影技术。这是一种快速、全面地采集图像和自动化的后期处理技术。首先，要以不同角度和具有一定交错率的方式进行拍摄，通常采用五个方向的无人机拍摄。其次，利用软件对同一图像中同一像素点的三角形进行处理和运算，在数字世界中产生三维模型数据库，从而实现被测物体的数字化。

倾斜摄影技术包括近景照相技术和航空照相技术，近景照相技术主要用于非地形照相，而航空照相技术则是用于地面照相，不仅能得到目标图像，还能得到目标点的坐标。倾斜摄影技术已被广泛应用于历史建筑物的保护与维修，在无人驾驶技术的发展下，倾斜摄影技术是一项具有科学意义的历史建筑街区保护与修复技术。这种方法比传统测量方法更加真实、快捷、有效，并且将数字化技术应用到历史建筑街区的数据收集和空间关系记录中，可以对街区数据进行永久保存。

（四）基于 GIS 技术的历史建筑档案保护系统研究

要对历史建筑进行全面保护，必须建立一个历史建筑的档案数据库。以 GIS 技术为基础的历史建筑档案管理体系分为两方面：一方面是历史建筑的空间形态数据库；另一方面是历史建筑的各方面属性数据库，包括所有历史建筑的属性、图形、空间等信息。数据库中的信息按照数据集进行分类和存储，方便用户快速查询。该体系还具备交互查询、空间分析、虚拟漫游等功能，使历史建筑街区相关数据得到有效的保护、管理与应用。

以城市工业遗产为例，这类历史建筑更新计划涉及大量数据，将 GIS 技术用于数据的存储、管理、统计、分析，能有效提高规划的准确性和工作效率，形成符合实际情况的数据库。

历史建筑街区的更新规划需要准确、及时的资料。与以往规划方法面临的数据缺乏现实性的状况相比，运用 GIS 技术可实时更新地块现状，实时进行空间和属性数据的分析，量化数据使分析结果更加科学和精确。

（五）复合历史空间导向的数字化保护与更新

历史建筑街区保护与更新问题十分复杂，必须引进一套新型的数字化技术，以协助配合复合历史空间的保护与更新。

就沈阳历史建筑街区而言，以复合历史空间为导向的数字化保护与更新可以从两个方面发挥积极作用。一方面，加强对历史建筑街区物理空间特性的监测和管理。利用精密的建筑测绘、交互可视化等新技术，加强监测，构建数字平台，提高日常管理的效能。利用三维 GIS 构建历史信息平台，通过可视化技术展示历史信息在空间上的分布特点，并对其发展轨迹进行分析，以此为基础进行建筑空间方面的更新设计。另一方面，可以将历史建筑街区活化与社会的复杂需求有机结合，既能抓住特定群体的核心需要，又能提出与其本身价值更加契合的发展利用构想。通过多源异构时空数据分析的大数据工具对历史建筑街区的文化行为进行归纳，结合城市活动和事件特征，探讨文化价值的激活策略，由传统的空间规划与活动方式向"空间+活动"的新型策略转变。

三、沉浸式体验综合体

（一）沉浸式体验综合体

综合体是一个非常广泛的概念，不仅指商业综合体，还指包含了商业属性的旅游目的地，它的终极目标是满足游客的消费需求。而旅游景区从一个普普通通的旅游综合体，到现在的沉浸式文旅综合体，已经悄悄完成了两次升级。

最初旅游综合体主要是为了满足基本的需要，将购物、餐饮、休闲融为一体，而所谓的体验就是在一个简单的场景中加入古装元素的拍摄。作为一个 3.0 时代的体验型旅游综合体，应更注重文化主题，将视觉、触觉、味觉等元素融入其中，同时尽量缩短与游客之间的距离，通过改变游客着装、环境和技术等手段，将游客变成"景中人"。沉浸式体验综合体是一种对空间和环境都有较高要求的商业形态，体验型旅游消费模式在体验、互动、场景等方面具有明显的优势，满足了消费升级的需要。目前，中国旅游市场进入新时代，旅游消费群体对旅游产品的需求越来越大，而政府的支持、技术的支持也使旅游行业的发展开启一轮新的变革。

近年来，随着增强现实技术、虚拟现实技术、智能互动等科技手段的运用，国内很多文化单位、景区都在尝试沉浸式旅游，沉浸式体验逐渐赋予了旅游产品新的内涵，沉浸式文旅迎来快速发展期。沉浸式文旅通过虚拟现实、场景塑造、全息投影、智能交互等技术与旅游 IP 相结合，创造出虚实相融的空间，让人们在感受视觉冲击的同时产生文化认同，从而超越了传统旅游产品对环境方面的依赖，增强了交互感与代入感。

（二）沉浸式体验受众

开发沉浸式体验要考虑到文化消费者，特别是年轻人的需求。在数字化、智能化、网络化背景下，新一代群体对体验消费的需求推动了沉浸式体验的进一步发展。年轻人最喜欢的"剧本杀"就是建立在剧本之上的沉浸式娱乐项目，具有很强的代入性，成为文化产业中创新活力强劲、表现形式丰富的新业态之一，同时这种娱乐项目可以帮助年轻人快速融入社会。按照在剧本杀店铺的调查情况来看，顾客在每一次游戏结束后都能自愿地互相加好友，邀请对方参与下一场剧本杀，使剧本杀店铺变成强大的社交平台。近年来，最流行的是换装游戏下的旅行体验，通过街头拍摄、反串、易容等方式来吸引年轻人，开启了线下体验的新方式。随着汉服风潮的出现，杭州、西安、南京等历史文化名城已经形成了一道独特的"汉服文化"风景线，成都春熙路香槟广场甚至出现了"汉服一条街"，不同于以往在景点里穿戏服合影时别扭的感觉，新生代年轻群体已经完全沉浸在汉服穿搭体验中。

（三）沉浸式体验新业态

沉浸式体验不是消费主义的产物，而是一种适应文化旅游发展的载体。沉浸式体验型旅游度假景区将对整个旅游产业产生深远影响，体验项目的先进性，提升了文旅场景的审美价值，实现了多功能、多维度的文化展示。从特定业态上来看，建设沉浸式主题历史建筑街区应包含非遗、美食、历史市井等方面，引入零售、文创、餐饮、娱乐等元素。许多旅游景点目前还处于销售门票的初级阶段，未来随着旅游者对旅游质量要求不断提高，旅游市场也会从"卖门票"向"卖场景"转变，开发沉浸式综合旅游体验可以说是一条脱离"门票经济"的有效路径。

沉浸式旅游综合体的最大卖点就是富有创意的内容和场景，让消费者在体验的过程中，除了门票消费之外，一切消费都顺理成章。不少沉浸式的商业模式从一、二线城市发展到了二、三线城市，这给沉浸式旅游行业带来了一股新鲜的气息，通过体验可以让更多的年轻消费者接触到旅游新趋势。从最平凡的旅游景区到沉浸式旅游综合体，沉浸式旅游行业的出现给旅游景区带来了全新发展的可能。如中国工业博物馆场馆内外都有鲜明的工业元素，内部空间光影斑驳、厂房宏大，能够瞬间将游客代入宏伟的时代，感受沈阳工业文明的传承与发展，透过空间的舒展与挤压将游客带入工业情境之中，展出的文物作为时代印记吸引游客深入探究工业文化特征与工业机械的魅力。

第十一章　沈阳历史建筑街区保护利用实施对策

第一节　原真性保护原则与实施对策

一、原真性保护原则

关于历史建筑街区的"原真性"相关概念最早出现于《威尼斯宪章》（1964年），之后《佛罗伦萨宪章》（1982年）为这一概念做了详细的诠释。沈阳历史建筑街区承载着大量历史文化信息，不论是物质形态的古建筑还是非物质文化遗产，只有保障两种遗产形态的真实性，才能做到对历史建筑街区进行真实有效地保护。

沈阳历史建筑街区原真性保护原则指的是在历史建筑保护过程中，要尽可能保持历史建筑的原有特点和风貌，不做过度改建和夸张修缮，以确保历史建筑的真实性和原始性。具体来说，包括以下六个方面：

（一）原址保留

尽可能保留历史建筑的原址、原貌、原构造，禁止随意拆除历史建筑中的部分建筑构件或建筑群体，保持历史建筑的完整性和连续性，保留历史建筑的原始风貌。

（二）原材料保护

尽量使用历史建筑原始的材料进行修缮和保护，不轻易更换或使用不同材料，以保证历史建筑的原真性和历史性。

（三）原色保护

保持历史建筑原有的色彩和表面纹理，不做大幅度的色彩或表面处理，尽可能还原历史建筑原貌。

（四）原结构保护

尽量保持历史建筑原有的结构形式和结构体系，不轻易改变建筑结构，保证历史建筑的结构完整性和原真性。

（五）原功能保护

尽可能保留历史建筑的原有功能，不随意更改建筑用途，保证历史建筑的历史性和文化性。

（六）原环境保护

保护历史建筑周围的环境，不随意破坏或改变历史建筑周边的环境，以保证历史建筑周边的环境和谐。

二、对策："真实性"保护

历史建筑街区"真实性"保护程度直接决定了其保护的性质，沈阳历史建筑街区中的木质构架体系随着时间的推移，其耐久程度会逊色于西方砖石和混凝土结构为主的建筑体系，在进行修缮方案研究和修复工作执行上要灵活变通。

如沈阳奉天工厂为保障最大程度修复与还原工业园区，对于厂房的修复采用大量老旧红砖，体现"红色"味道，保留厂房顶部文字以追溯厂区历史、缅怀工业文化、传承工匠精神。在尽可能还原工厂历史建筑真实性的基础上，打造火车文化街区、国际文化交流中心、中国手风琴艺术中心、工业产品展厅、影视基地、城市设计中心、展会服务空间等各种配套商业设施，让游客在21世纪的现代感受20世纪80年代的铁西工业环境，再现铁西厂区的红色空间、提升铁西厂区的文化消费品质。盛京皇城历史建筑街区南部以沈阳故宫和张学良旧居为核心，内部建筑具有极高的文化与历史价值，为了能够更大程度继承与弘扬文化，采用原真性保护方式进行动态开发，以皇城内部历史建筑为名片，不断细化街区内部文博 IP 商业化，构建娱乐休闲空间，强化街区主题性文旅空间氛围，打造建筑互动空间，满足消费者体验需求，形成动静皆宜的历史建筑街区。

第二节　完整性保护原则与实施对策

一、完整性保护原则

完整性的概念源自拉丁语"Integrity"，包含两层词义即"完整的性质"和"无损的原始条件"。《威尼斯宪章》（1964 年）指出完整性包含建筑、精神遗产和自然环境，《内罗毕建议》（1976 年）提出的"完整性"包含了经济学、社会学以及精神文化等要素。历史建筑街区有其对应的物质环境、文化风貌和历史文脉，相关部门在进行保护工作时要注重保护历史建筑街区各个关键因素的完整，进行整体性质的保护。

（一）空间结构完整

历史建筑街区保护伊始，相关部门应对其需要保护的空间范畴进行科学合理规划，在这一工作环节中尽可能实施原址保护。人们在现代更新工作中往往会忽视历史建筑街区空间构架布局的完整性，造成文脉大规模断层，致使历史建筑街区本身价值被大幅度削减。

（二）建筑风貌完整

保持历史建筑街区内建筑的外观、形态和风貌，不改变历史建筑街区的整体形象，以保证历史建筑街区的完整性和原始风貌。与原真性保护原则不同，完整性保护原则注重街区内建筑风貌的完整与统一。在不破坏整体街区风貌的前提下，进行一定规模的招商引资，对艺术价值普通的建筑进行内部功能置换与布局调整。

（三）精神文化完整

保护历史建筑街区内的非物质文化遗产，传承与发扬历史建筑街区的历史文化。街区物质基础是否与精神文化产生断层直接决定了历史建筑街区保护的完整性。《西安宣言》（2005 年）将文化精神等无形遗产纳入保护内容，着重强调了对无形遗产等其他关联要素的系统性保护，尤其注重街区内部民俗表演和传统技艺等非物质文化遗产在传播过程中与历史风貌保持一致。

沈阳以文化为主要发展方向，坚持历史建筑街区维护与改造路线，保护空间结构与建筑风貌完整。以"文为主，商为辅"或"商为主，文为辅"的两种街区营业方式，打破了历史建筑街区内当地居民与参观者的交流壁垒，加强了市民与街区文化的融合。通过商居混合模式为街区注入原生活力，以多元化的历史建筑街区开放形式适应不同群体休闲娱乐方式。如中街步行街和中山路历史建筑街区，前者封闭性更强，街区设施基本完善，交通依附于街区内地铁，能够全面适应游客、居民、行人、上班族等不同人群的需求；后者开放性更强，道路两侧错落有致的各类商铺成为周围居民日常生活必需的配套设施。

二、对策："微改造"和"微更新"保护

学界对于城市规划改造通常有两种不同观点：以城市整体格局改造为核心的"全面改造"和注重城市风貌完整性的"微改造"[1]。"全面改造"是传统更新性保护政策，而"微改造"则是注重街区建筑完整性的保护措施。"全面改造"适用于城市重点区域的更新与建设，需要彻底推倒重修，这类改造方法在城市进行印象转变类的项目时有决定性意义，但在历史建筑街区更新方面，大规模改造会破坏原本历史文化遗产的完整性。历史建筑街区"微改造"和"微更新"是指对历史建筑街区进行轻微地改造和更新，以保护历史建筑街区的原有风貌和特色，同时满足当代人们的生活和文化需求。《沈阳城市更新专项总体规划（2021—2035）》（2022年）提出"以'留'为主的小微更新"，"采用绣花功夫延续文脉"，[2]针对具有历史人文魅力和较好建筑质量的空间对象，基本不改变建筑的主体结构和风貌特色，符合对历史建筑街区绿色发展、循环经济、资源利用等多方面发展要求。

（一）保留街区空间格局

公共空间是社区民生的交流场所，通过空间整治与规划可以提高社区居民的生活质量，减少土地资源浪费，完善街区的公共属性。"微改造"注重

---

① 唐源琦，周建成，赵红红. 广州旧城微改造全要素评价分析及更新策略研究：以恩宁路（永庆坊）微改造为例 [J]. 西部人居环境学刊，2021，36（1）：74-83.

② 王彩丽.《沈阳城市更新专项总体规划（2021—2035）》发布 [EB/OL]. 东北新闻网，2022-06-16.

城市更新与人居问题的协调，偏重街区内部的公共空间、街区环境、街道、民生设施等不破坏建筑街区原本风貌的部分，尽量减少对历史建筑街区的改造和拆除。

（二）优化街区基础设施

在保护历史建筑街区的基础上，引入现代化的设施和设备，如环保设施、智能化管理系统等，提高历史建筑街区居住生活的舒适性和便利性，优化给排水、电力系统、通信系统、街区照明、环卫设施，完善好公共交通及配套设施。在道路设计与更新方面坚持以人为本的规划原则，规划行人、机动车和非机动车的行驶路径，在不破坏街区原本空间结构的前提下增加一定的停车空间。

（三）加强街区文化建设

举办文化活动、展览，提高历史建筑街区的文化内涵和吸引力，保护历史建筑街区的商业经济活力，支持传统行业和手工艺的发展，鼓励商业空间和文化场所的发展。

（四）保护街区居民权益

对公共环境的改建难免会给居民带来生活上的异样感，整齐的公共场所往往会破坏街区的文化氛围与民俗气息，难以为居民带来社区归属感。历史建筑街区改造需要从人的行为、心理出发，关注社区居民幸福感，鼓励居民自主参与改造，改变人们的思想，营造和谐社区，提高居民生活质量。通过改善居住环境、提高公共服务设施等方式，让居民参与历史建筑街区的保护。

三、对策："视觉完整性"保护

我国历史建筑街区基数较大，而社会资源相对有限。街区的完整性与改造的可实施性逐渐产生隔阂，导致保护不到位、乱拆乱改和改造工作虎头蛇尾的现象时有发生，其实质是街区物质文化遗产保护难度大。在对策上需要采用成本与难度较低的方式，"视觉完整性"保护策略应运而生。

文化遗产视觉完整性（Visual Integrity of Cultural Heritage）的研究在国内还处于发展阶段，其定义相对模糊。但透过"完整性"中"无损性"的本质可以看出，其并非注重保护历史建筑街区本体的完好性和周边环境的连续性，而是从设计美学角度进行保护，强调美学价值的无损。在经济条件有限时，对历史建筑街区的文化风貌进行概括式改造，如将历史建筑进行位移或迁址，将街区与历史建筑的范围缩小，或者围绕旅游核心线路进行发散式的历史建筑街区改造，舍弃不具备视觉价值的部分街区。如八卦街历史建筑街区针对民国文化进行视觉符号提取，通过艺术加工的方法对建筑立面进行加工创造，历史建筑街区的民国空间氛围感增强；通过视觉直观感受唤醒游客对街区的好奇与探究欲望，激发群体性空间感知能力。

第三节　更新性保护原则与实施对策

一、更新性保护原则

更新性保护注重经济收益和社会价值并举，走新时代发展道路，探寻时代革新和历史建筑街区保护之间的交叉路径，将保存维护和开发利用有机结合。

（一）保护与更新并重

更新性保护要求在保护历史建筑街区的同时，注重对其进行利用和开发，尽可能保持历史建筑街区的原始特色和历史价值，同时注重适应现代城市的功能与需求。

（二）保护与需求结合

在保护历史建筑街区文脉的前提下，结合现代城市功能需求，进行必要的更新与改造，促进历史建筑街区的活力再生。

（三）保护与更新适度

更新性保护要求历史建筑街区在更新和改造时注重适度更新，不宜过度改变历史建筑街区原有的格局、风貌和内涵，既保留了历史建筑街区的文化价值，又满足了城市更新与发展的诉求。

（四）保护与技术助力

运用保护性拆卸、仿古建造、文物修复等现代技术手段，尽量避免破坏历史建筑街区原有建筑结构和历史文化遗产。

二、对策：建设数字化保护网

运用高新科技加强历史建筑街区保护，利用数字技术手段全方位展示沈阳历史建筑街区风貌、提升沈阳历史建筑街区价值、传播沈阳历史建筑街区文化。数字化保护工作主要分为数字化信息收集和空间数据库构建。信息收集主要采用倾斜摄影测量和三维激光扫描技术的方式，在完成数据收集后进行空间数据库的搭建，助推沈阳历史建筑街区文化传承创新①。

在历史建筑街区保护过程中将文化和科技深度融合，采用数字化、虚拟现实等技术手段保护街区历史文化遗产，增强历史建筑街区文化性和互动性之间的联系，保持历史建筑街区原有风貌与氛围，遵循"不影响、不干扰、不破坏"三原则，尽可能减少对历史建筑街区的消极影响。

（一）采用先进数字化技术

采用数字化技术实现历史建筑街区保护的数据化、精细化管理，为历史建筑街区保护提供更为全面和翔实的信息支持。

（二）利用高精尖材料设备

现代科技创造了很多新型高端材料和关键装备，可以用于历史建筑街区保护与更新，如柔性可折叠玻璃、纳米环保复合水泥、DLP 光固化 3D 打印技术等。

（三）深拓智能化技术应用

智能化技术可实现对历史建筑街区智能管理与监测，如利用传感器监测历史建筑的环境和结构变化，提高历史建筑街区的安全性和管理效率。

日渐成熟的数字化保护技术为文化遗产保护工作提供了新思路与新方法，为历史建筑保护提供了精确的修复数据和可行方案，推动历史建筑街区保护工作向科学系统、互惠互利的方向发展。如盛京皇城沿线历史建筑街区的中街不断引入有创意的科技互动装置，如"口罩工坊"、AR 许愿树"寄语

---

① 高益忠，陈明辉，黄燕. 东莞市历史建筑数字化保护研究［J］. 测绘通报，2021（7）：140-143，149.

中街"等增强游客体验兴趣。数字赋能盘活文化空间，为沈阳"夜经济"生活持续注入活力。

三、对策：优化整体空间结构

沈阳历史建筑街区形态复杂且空间结构多样，需要对街区内部进行空间优化与功能调整。旅游开发和商业化改造是城市化发展中大多数街区优先选择的空间结构调整方法。在对空间进行优化时要结合街区开发的文化、功能和时间三大要素，重点从保护与开发的状态、条件及措施、利益主体和模式特点等方面进行分析与对策制定，注重结合城市实际情况，文化保护型街区、功能调整型街区以及仿古型街区都是沈阳历史建筑街区空间优化的可选择方案。

沈阳时代公园是华润集团房地产的重点项目，园区涉及住宅、商业、学校、公园、养老、婚纱摄影等生活空间，配备的各项基础设施与服务空间比较完善，在东贸库历史建筑群更新再利用中，起到了和谐、统一、平衡空间秩序感的作用，项目利用沈阳东贸库厂区空旷的特点，加入具有东贸库元素的装置艺术，以点明"时代公园"的主题特征。库房内部结构最大程度保留原先的空间架构，在保护木构结构特征与遵守消防安全的同时，创造性地加入钢结构举架，以稳固屋顶结构，营造了新旧文化良好融合的氛围。

第四节　可持续性保护原则与实施对策

一、可持续性保护原则

可持续发展原则一直是近代人类社会追求的城市理想发展原则，在《内罗毕建议》（1976 年）、《里约环境与发展宣言》（1992 年）中都曾指出城市与自然协调发展在全球发展中具有重要意义。历史建筑街区可持续性保护原则是指通过合理规划和管理措施，历史建筑街区在保护文化遗产的同时，能够实现经济、社会和环境的可持续发展。

（一）经济可持续性

历史建筑街区保护应促进当地经济的发展，通过文化创意产业为历史建筑街区创造经济价值，增强其自我保护能力。

（二）社会可持续性

历史建筑街区保护应关注当地社会的发展，为居民提供优质的生活和文化环境，促进社区居民参与，增强社会凝聚力和稳定性。

（三）环境可持续性

历史建筑街区保护应关注当地环境保护，采用绿色建筑、节能减排等方式，实现历史建筑街区与自然环境的协调发展，保护当地的生态环境。

（四）文化可持续性

历史建筑街区保护应注重文化的传承和创新，通过展示、教育、研究等方式，传承和弘扬历史建筑街区的历史文化，激发创新活力，推动历史建筑街区的持续发展。

（五）综合可持续性

历史建筑街区保护应实现经济、社会、环境和文化可持续性的平衡发展，综合考虑各方面的因素，实现历史建筑街区的综合可持续发展。

二、对策：公共政策调整

合理的公共政策能使历史建筑街区保护工作流程化与系统化。保障资金合理周转的同时也有利于历史建筑保护工作的可持续发展，对于历史建筑街区的保护与更新大体可分为三个阶段。

（一）开发规划

开发规划是对历史建筑街区类型以及各项指标进行科学评定的过程。对城市的整体风貌进行定位，有利于资源的利用，减少盲目地开发。历史风貌与城市整体风格存在出入、街区内部遗产的价值评定失误、街区建筑错误的拆改、大规模更新导致的民居功能缺失，都会给历史建筑街区带来不可逆的损失，因此在价值评定环节要有权威专家参与规划的制定。

（二）政策制定

我国历史遗产保护体系分为保护单体文物、历史文化保护区、历史文化名城三级，在街区保护政策制定上不仅需要符合整个体系的保护方向，也要根据街区附近环境因地制宜，部门之间相互协调。

（三）政府投入

由于沈阳历史建筑街区基数大，政府单方面投入难以维持街区保护的长期发展，因此在资金投入上，政府可将部分历史建筑维修项目承包给地方机构，加强各地区紧密合作。在改造方案的具体实行上，要以历史建筑街区保护为核心目标，以长期效益为经济支柱，政府给予相应的政策扶持。

三、对策：民间力量推动

提升广大群众对沈阳历史建筑街区地位的认同感，推动保护工作的进程，鼓励全体市民积极参与历史建筑街区保护事业，提高公众参与的积极性和主动性。

（一）加强公众教育参与

通过开展文化活动、举办讲座、组织参观等方式，加强公众对历史建筑街区的认知和了解，提高公众参与历史建筑街区保护的积极性。

（二）建立民主参与机制

通过听证会、公开论坛、社区委员会等渠道鼓励和引导公众积极参与历史建筑街区保护的决策和实施。在历史建筑街区保护工作上善于、敢于、乐于听取街区内部民众意见，增强居民认同感、归属感、获得感、幸福感，铸牢街区保护共同体意识。

（三）弘扬志愿服务精神

开展志愿者活动，组织公众参与历史建筑街区的保护和管理工作，如巡查、保洁、讲解等，增强公众对历史建筑街区的责任感和参与感。

（四）创新对外宣传方式

社交媒体、新媒体时代的到来，极大地改变了人际交往、信息传播的方式，伴随着新媒体的不断迭代更新，5G 和人工智能时代的到来为信息的传播提供了更为高效的途径，同样也为历史建筑街区的宣传开辟了新的传播渠道和方式。

参考文献

一、中文文献

（一）专著

[1] 曹昌智，邱跃. 历史文化名城名镇名村和传统村落保护法律法规文件选编［M］. 北京：中国建筑工业出版社，2015.

[2] 刘奇志，吴之凌，黄焕，等. 近现代优秀历史建筑保护研究［M］. 北京：中国建筑工业出版社，2013.

[3] 石磊. 历史文化名城整体性保护的法治思考［M］. 北京：中国经济出版社，2018.

[4] 薛林平. 建筑遗产保护概论［M］. 2 版. 北京：中国建筑工业出版社出版，2017.

[5] 苑娜. 历史建筑保护及修复概论［M］. 北京：中国建筑工业出版社，2017.

[6] 张松. 城市文化遗产保护国际宪章与国内法规选编［M］. 上海：同济大学出版社，2007.

[7] 周乾松. 中国历史村镇文化遗产保护利用研究［M］. 北京：中国建筑工业出版社，2015.

[8] 中共沈阳市委，沈阳市人民政府. 第十九届沈阳科学学术年会论文集［C］. 沈阳：沈阳市科学技术协会，2022.

[9] 中国城市规划学会. 面向高质量发展的空间治理：2020 中国城市规划年会论文集［C］. 北京：中国建筑工业出版社，2020.

[10] 中国风景园林协会. 中国风景园林学会 2020 年会论文集：下册［C］. 北京：中国建筑工业出版社，2021.

［11］中国民族建筑研究会．中国民族建筑研究会第十九届学术年会论文特辑［C］．北京：中国民族建筑研究会，2016.

［12］中国文物保护基金会．文物保护社会组织创新与发展：第二届社会力量参与文物保护利用论坛文集［C］．北京：文物出版社，2018.

（二）期刊

［1］曹昌智．论历史文化街区和历史建筑的概念界定［J］．城市发展研究，2012，19（8）.

［2］黄珂．基于POI数据的城市更新改造项目决策模型［J］．未来城市设计与运营，2022（10）.

［3］金连生，陈晨．社区共治体系下沈阳三台子工人村保护更新策略［J］．工业建筑：2023，53（1）.

［4］梁学成．城市化进程中历史文化街区的旅游开发模式［J］．社会科学家，2020（5）.

［5］林林，阮仪三．苏州古城平江历史街区保护规划与实践［J］．城市规划学刊，2006（3）.

［6］王浩镔，刘丽华．沈阳盛京皇城文化遗产旅游体验感知研究［J］．合作经济与科技，2022（7）.

［7］王辉．“空间正义”视角下的设计创意［J］．城市环境设计，2021（4）.

［8］王辉．时间、空间、结构：沈阳东贸库改造设计纪实［J］．建筑学报，2022（3）.

［9］王珮璇，李彤欢．文化自信视域下沈阳历史文化名城保护的经验与问题探究［J］．文化创新比较研究，2022，6（1）.

［10］肖佳琦．历史建筑原真性与修复的矛盾：以应县木塔为例［J］．建筑与文化，2021（10）.

［11］杨訢．数字技术在历史建筑保护与修复中的应用研究［J］．中国房地产，2021（21）.

［12］易鑫，翟飞，黄思诚，陈袁杰．基于数字技术的历史街区空间更新与文化价值活化设计：以南京南捕厅历史街区为例［J］．中国名城，2021，35（4）.

（三）其他文献

[1] 符英. 西安近代建筑研究（1840—1949）［D］. 西安：西安建筑科技大学，2010.

[2] 国务院公布第一批国家级抗战纪念设施、遗址名录［N］. 中国文物报，2014-09-02（2）.

[3] 张柳丹. 渝东南龙潭古镇文化遗产保护利用研究［D］. 武汉：中南民族大学，2020.

二、英文文献

[1] AIGWI I E，EGBELAKIN T，INGHAM J. Efficacy of adaptive reuse for the redevelopment of underutilised historical buildings：Towards the regeneration of New Zealand's provincial town centres［J］. International Journal of Building Pathology and Adaptation，2018，36（4）.

[2] BEZAS K，KOMIANOS V，KOUFOUDAKIS G，et al. Structural Health Monitoring in Historical Buildings：A Network Approach［J］. Heritage，2020，3（3）.

[3] BLUMBERGA A，VANAGA R，FREIMANIS R，et al. Transition from traditional historic urban block to positive energy block［J］. Energy，2020，202（prepublish）.

[4] FRANCESCA C，CRISTZNA C，FEDERICA V. The Control of Cultural Heritage Microbial Deterioration［J］. Microorganisms，2020，8（10）.

[5] MUSTAFA F A. Adaptive Reuse of Historical Buildings Using ARP Model：The Case of Qishla Castle in Koya City［J］. Sage Journals，2023，13（3）.

[6] NESTICÒ A，SOMMA P. Comparative Analysis of Multi - Criteria Methods for the Enhancement of Historical Buildings［J］. Sustainability，2019，11（17）.

[7] PODHALAŃSKI B，POLTOWICZ A. Regeneration of a historic city block：the example of the relocation of the historic Atelier building to the cloister area of the Congregation of the Resurrection in Krakow［J］. Urban Development

Issues, 2019, 63 (1).

[8] RIBERA F, NESTICÒ A, CUCCO P, et al. A multicriteria approach to identify the Highest and Best Use for historical buildings [J]. Journal of Cultural Heritage, 2020, 41 (C).

[9] RYBERG-WEBSTER S. Heritage amid an urban crisis: Historic preservation in Cleveland, Ohio's Slavic Village neighborhood [J]. Cities, 2016, 58 (10).

[10] TORERO J L. Fire Safety of Historical Buildings: Principles and Methodological Approach [J]. International Journal of Architectural Heritage, 2019, 13 (7).

[11] YUSRAN Y A, MAHENDAR BAGASKARA V Y, SANTOSO T J. ExploringJoglo's Translocation as an Effort in Conserving Indonesian Vernacular Architecture (Case Study of Griya Joglo in Kampoeng Djawi) [J]. IOP Conference Series: Earth and Environmental Science, 2019, 239 (1).